# 生理学实验指导

主　审　江新泉　王金权
主　编　赵洪强　苗晋玲

全国百佳图书出版单位
中国中医药出版社
·北　京·

**图书在版编目（CIP）数据**

生理学实验指导 / 赵洪强，苗晋玲主编 . -- 北京 ：
中国中医药出版社，2025.8.
ISBN 978-7-5132-9576-5

Ⅰ . Q4-33

中国国家版本馆 CIP 数据核字第 20252FR583 号

---

**中国中医药出版社出版**

北京经济技术开发区科创十三街 31 号院二区 8 号楼
邮政编码　100176
传真　010-64405721
河北品睿印刷有限公司印刷
各地新华书店经销

开本 787×1092　1/16　印张 13　字数 316 千字
2025 年 8 月第 1 版　2025 年 8 月第 1 次印刷
书号　ISBN 978 - 7 - 5132 - 9576 - 5

定价　52.00 元
网址　www.cptcm.com

服 务 热 线　010-64405510
购 书 热 线　010-89535836
维 权 打 假　010-64405753

微信服务号　zgzyycbs
微商城网址　https://kdt.im/LIdUGr
官 方 微 博　http://e.weibo.com/cptcm
天猫旗舰店网址　https://zgzyycbs.tmall.com

如有印装质量问题请与本社出版部联系（010-64405510）

# 《生理学实验指导》

## 编委会

# 前　言

生理学是一门实验性科学，它的所有知识都来自临床实践和实验研究。生理学实验是在人工创造的一定条件下，对生命现象进行客观观察和分析，以获取生理学知识的一种研究手段，分为动物实验和人体实验。在进行生理学实验时，往往需要对完整的机体或某一器官、组织或细胞的某一特定功能活动进行孤立分析，并测试各种因素对它的影响。由于人与动物的机体在结构和功能上具有诸多相似之处，因此，利用动物实验推断人体的生理功能是完全可能的。所以，生理学这门学科开展了大量的验证性与综合性动物实验。

为适应新质生产力发展对应用型本科高校创新型人才培养的需求，我们在编写本书时也重点融入了设计性动物实验与创新型动物实验内容，强化学生的创新思维，培养学生的创新意识。在整个实验环节除人文伦理知识的贯通外，我们还把思政教育贯穿其中。

在本书的编写过程中，所有的编者都非常投入，默契配合，为本书的顺利完成付出了辛勤的劳动，在此我们谨向各位编者表示真挚的感谢。为了确保本书的质量，我们请多次参加全国规划教材编写的江新泉教授担任本书的主审，他的审阅十分细致、严谨，为我们提出了很多宝贵的修改意见，在此我们深表感谢。山西中医药大学附属晋中中医院王金权教授对本书的编写给予了很多的指导，在此也表示感谢。此外，中国中医药出版社对书稿的审阅工作给予了充分支持。我们一并向所有关心和支持我们工作的同道们表示深切的感谢。虽然我们尽力完善各方面工作，但是错误与问题随着时间的延续在所难免，我们诚恳地希望广大读者对本书中尚存在的问题和不足之处提出批评和意见，以便再版时进行修订。

赵洪强　苗晋玲

2025 年 2 月

# 目 录

# 第一章

# 生理学实验概述

## 第一节 生理学实验基本知识

### 一、生理学实验课程的目的

生理学（physiology）是一门理论性和实验性很强的科学。生理学的每一个认识或结论均是从实验中获得，并在临床实践中得以验证，因此实验研究的方法对于生理学的发展至关重要。早期的生理学研究方法多来源于对人体和疾病过程的直接观察。生理学实验（physiology experiment）是人为控制一定的实验条件，对生命活动现象进行科学观察和分析，以获得对这种生命活动规律认识的一种研究手段。课程的目的是在实验过程中使学生初步掌握生理学实验的基本操作技术，了解获得生理学知识的科学方法，以及验证和巩固生理学的基本理论。通过实验逐步培养学生掌握客观地对事物进行观察、比较、分析和综合的能力，以及独立思考、解决问题的能力。在实验工作中培养学生对科学工作的严肃态度、严谨作风、严密方法和实事求是的品质。

阅读生理学教材、讲义、参考读物和思考答疑是学生获取相关知识的重要方法，但无法代替通过生理学实验的动手操作和直接观察来获取这些知识的过程，所以实验课是生理学教学必不可少的重要组成部分。

### 二、生理学实验的特点

#### （一）实验对象均为活体

生理学实验均以活体为对象，包括人体（用于记录正常功能）和动物，均在具有活性的前提下接受实验，故应小心、规范地操作，尽量保证动物或标本处于最佳的活性状态。另外，离体器官或组织的实验也应尽量保持接近体内环境的实验条件，因此实验条件的控制也十分重要。

## （二）影响实验的因素诸多

动物的机能状态、实验操作及条件、药物和试剂等均可影响实验结果，况且许多生理现象和病理现象在实验过程中常常稍纵即逝，故需仔细观察、详实记录，以便分析实验结果，用以推断实验结论，这是学会向事实求知的过程。

## （三）要求操作规范正确

生理学实验中所使用的仪器及器材较多，其性能复杂，且动物手术具有一定的难度，所以要求实验者严格按有关规程进行正确的操作。同时要不断总结经验，提高操作技能。

# 三、生理学实验的要求

## （一）实验前

1. 仔细阅读本课程相关教材和讲义，重点掌握实验设计的原理及相关理论知识，了解实验的目的、要求、步骤和操作程序，充分理解实验设计的原理。

2. 设计好实验原始记录的表格，并拟定对本实验结果进行分析讨论的要点。

3. 结合实验内容复习有关理论知识，查阅相关文献，弄懂实验每个步骤的设计意图。如有新的建议和创意，可与老师商议，并在实验中实施。

4. 预测实验结果及实验过程中可能出现的问题，并制定相应的应对措施。

5. 检查实验仪器、器材、药物、试剂是否齐备，确保实验能顺利进行。

## （二）实验时

1. 按照实验操作规程认真进行实验。应培养独立操作、独立解决问题的能力。

2. 要养成严肃的科学态度、严密的工作方法和严格的工作要求，保持实验室的整齐清洁，实验器材的安放应整齐稳当、有条不紊。保持实验室安静，不要高声讨论问题，以免影响他人实验。

3. 要认真观察实验发生的结果和现象，并真实客观地记录实验结果，加上必要的文字注释，有时还需要绘制图形或曲线进行分析。实验中的每项结果都应随时记录，必要时可进行描记、拍摄等，不可单凭记忆，以免发生遗漏或错误，更不可随意修改实验结果。

4. 实验中取得结果时应考虑"3W，1H"：①发生了什么情况（What）？什么时间发生（When）？结果怎么样（How）？②为什么出现这种结果（Why）？③这种结果的发现有什么生理意义和病理意义？④出现非预期结果的可能原因是什么等。

5. 珍惜生命，爱护实验动物。要尽量减少使用实验动物，尽量减少实验动物在实验过程中的伤害和痛苦，尽量减少和避免造成实验动物紧张和恐惧。

## （三）实验后

1. 将实验用具整理就绪，所用器械冲洗干净后，交还借用的器械。如果器械有损坏或短少，应立即报告负责教师。

2. 动物尸体、标本、纸片和废品应放到指定地点，不要随地乱丢，严禁丢到水池中以免堵塞排水管。擦干净实验台。某些试剂或药品可能有毒，或混合后会产生某种毒性，或可能污染环境，应听从老师的安排，注意安全，适当存放或进行必要的处理。严禁乱放乱弃。要树立牢固的自身安全和环境保护意识。

3. 搞好实验室的清洁卫生工作，离开实验室前应关灯、关窗、关水龙头。

4. 认真整理实验结果并撰写实验报告，按时交由带教老师评阅。实验报告中应尽可能使用原始结果，若原始记录图只有一份，可采用复印等方式加以解决。实验报告的书写是培养科学思维和严谨、求实、科学作风的一种途径，应认真对待，反复推敲，不断提高实验报告的写作技巧和水平。

# 第二节　生物信号及生理学实验常用仪器

## 一、生物信号的基本知识

生物信号可反映生物体的生命活动状态，因此，生物信号的采集与处理是生物科学研究的重要手段之一。

生物信号的表现形式具有多样性，既有物理声、光、电、力、气体分压、温度等的变化，又有化学浓度、pH 值等的变化。生物信号具有种类繁多、信号微弱且互相混叠、非线性、高内阻、干扰因素多等特点。这些特征使得生物信号的采集与处理变得比较困难。

传统的生物信号采集与处理系统由功能不同的电子仪器组合而成，如前置放大器、示波器、记录仪、分割规、尺和计算器等。由于近年来计算机技术的飞速发展，特别是微型计算机的广泛应用，以及计算机生物信号采集与处理软件的应用，使得经过放大的生物电信号输入计算机进行观察、测量、处理和储存成为可能，而且更为方便、精确。因此，生物信号采集与处理系统逐渐变为以计算机及其相应软件和硬件为核心的数字信号采集处理系统。

数字化生物信号采集与处理系统和传统的生物信号采集系统相比，生物信号的记录和分析的准确性、实时性、方便性和可靠性有了很大的提高。而且更多的参数可以灵活设置，并可以根据实验需要随时改变，使采集的数据能够共享和进行复杂的多维处理，从而大大提高了系统的性能和实验质量，简化了实验过程。

生物信号可以看成一个随时间、空间或者其他变量变化的物理量。从数学模型上讲，信号可以看作一个函数，这个函数可以有一个或多个独立的变量，参见公式（1.1）。从概念模型上讲，信号是携带客观物体（如人体）的状态或特性的载体（carrier）。生物信号是携带生物体状态或特性的载体。

$$S = f(t) \tag{1.1}$$

公式（1.1）中，$S$ 表示信号，$t$ 表示时间。

生物信号种类繁多，存在不同分类方法，按照生理信号的物理性质可以分为电信号和非电信号（图1-1）。生物电信号从细胞通道打开所产生的离子电流开始，通过细胞、组织的扩散或激励，形成了不同形式的生物电信号，例如动作电位、心电等。生物非电信号通常是由生物电信号激励产生的其他能量形式信号，例如肌张力、温度、压力等。按照生物信号源分类，生物信号可以分为脑电、心电、眼电、胃肠电、肌电、肌张力、血压等不同形式的信号。

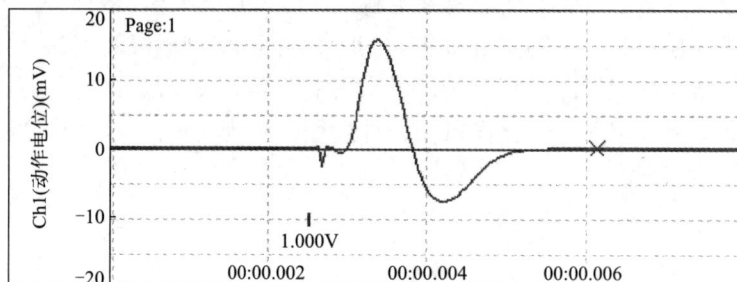

A. 电信号（神经干动作电位）

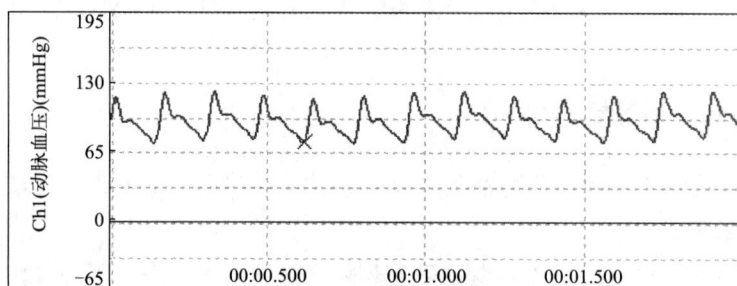

B. 生物非电信号（大鼠动脉血压）

图1-1　不同形式的生物信号

对于生物信号而言，最主要的两个特征是幅度（amplitude）与频率（frequency）。信号幅度指信号强弱，例如人体心电信号在1mV左右；信号频率指信号变化的快慢程度，通常使用单位时间信号的变换次数来表达，例如人体心电的频率为60cpm，表示每分钟心电主波变化60次。

## 二、生物信号的特点

生物信号的特点主要是强度弱、频率低、干扰强。

### 1. 强度弱

生物信号的强度通常较弱，例如细胞单离子通道的电流强度在皮安（$10^{-12}$A）级，脑电信号在μV级，而心电信号在mV级，都是非常弱的信号，因此生物信号通常需要放大才能观察到。

### 2. 频率低

生物信号的频率通常较低，例如胃电慢波的中心频率在3cpm附近，人体心电的频率范围在250Hz（每秒250次）以内。生物信号的源头是细胞离子通道电流，细胞离子通道的开闭需要一定时间间隔，较快的离子通道开闭一次需要 1.0ms 左右的时间，这相当于每秒开闭 1000 次，即 1000Hz。其他生物信号，如心电、血压、呼吸等更慢。常见生物信号的幅度和频率范围参见表 1-1。

表1-1 常见生物信号幅度和频率范围

| 序号 | 生物信号 | 幅度范围 | 频率范围（Hz） |
|------|----------|----------|----------------|
| 1 | 人体体表心电 | 0.01～4 mV | 0.05～250 |
| 2 | 人体头皮脑电信号 | 10～300μV | 0.5～100 |
| 3 | 肌电 | 0.1～5 mV | 5～2K |
| 4 | 胃电 | 0.01～1 mV | 0～1 |
| 5 | 眼电 | 0.05～3.5 mV | 0～50 |
| 6 | 诱发电位 | 1～100μV | 1～3K |
| 7 | 神经电位 | 0.01～3 mV | 0～10K |

值得注意的是，在不同生物机体上产生的同一类型生物信号，例如心电信号，其频率特征会发生较大变化，如小鼠的心率可以达到 400cpm，这差不多是人体正常心率的 5 倍以上。

### 3. 干扰强

测量目标信号之外的其他信号称为干扰。

生物医学信号的干扰既有来自外部环境的干扰信号，例如电网中的 50Hz 工频干扰，以及声、光、热等噪声信号，又有来自生物体内的其他非测量信号的干扰，例如测量心电时可能混叠有呼吸干扰信号。

如何消除干扰对测量信号的影响是医学信号测量时需要考虑的重要因素，在生物信号采集与分析系统中通常会采用滤波的方式消除干扰信号。

## 三、生物信号的采集和处理

生物信号采集与测量的原理如下：首先将生物电信号或非电信号（非电信号需要通过换能器转换为电信号后才能采集）进行放大、滤波等处理；然后将处理后的信号模数转换为数字信号并将其传输至计算机；最后计算机对数字化生物信号进行显示、存储及分析等操作，完成相关工作（图 1-2）。

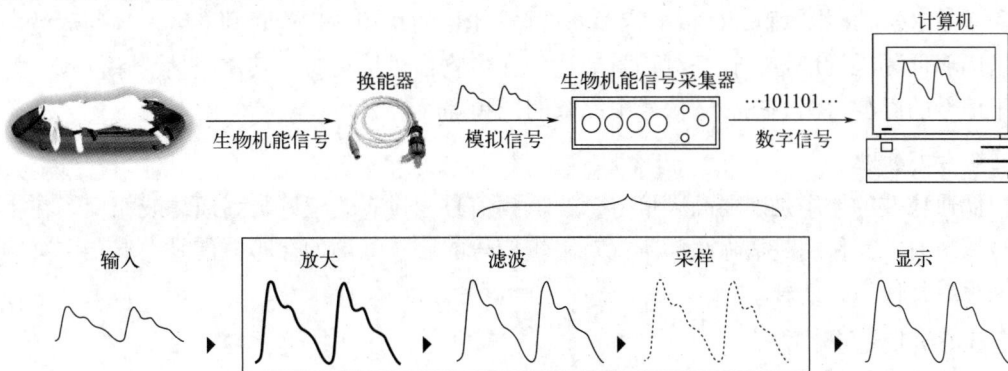

图1-2 生物信号采集与测量原理图

生物信号的特点是强度弱、频率低和干扰强。为了能够采集和测量生物信号，需要对原始信号进行放大、滤波和采样处理，这些处理对应于以下几个重要参数（图1-3）。

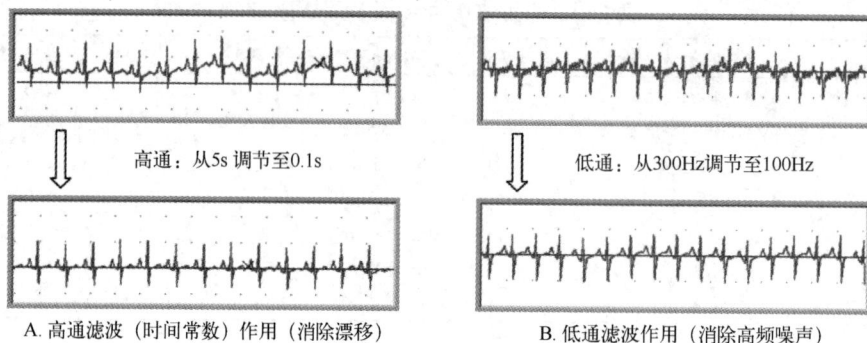

A. 高通滤波（时间常数）作用（消除漂移）　　B. 低通滤波作用（消除高频噪声）

**图1-3　滤波在生物信号采集中的作用**

### 1.增益

增益是指信号的硬件放大倍数。对于微弱的生物信号，例如幅度在 1mV 左右的心电信号，通常需要将其放大 1000 倍左右再进行采样才能观察其细节。

### 2.采样率

采样率是指单位时间内的采样点数。根据奈奎斯特采样准则，如果要不失真地重现有限带宽的生物信号，采样率至少应设为原始信号最高频率的两倍及以上。实际应用中，为观察信号细节通常将采样率设置为采集生物信号最高频率的 5～20 倍。例如神经干动作电位的主频率在 1K Hz 以内，使用 20K Hz 进行采样可以呈现其细节。

需要特别注意的是，对于有限带宽生物信号，采样率不是越高越好，超出所需范围的高采样率在不带来任何信号细节改善的情况下，会导致采样更多高频干扰信号（使波形变差），以及占用更大存储空间的问题。

### 3.高通滤波

在很多生物信号采集与分析系统中，高通滤波用时间常数来代表，这是因为高通滤波器通常是 RC（R 指电阻，C 指电容）滤波器，RC 的乘积被称为时间常数。高通滤波的作用是削弱低频干扰信号，让高频信号通过。在生物信号采集时，其作用是消除低频干扰对采集信号的影响，例如在心电信号中混杂的低频呼吸信号。

### 4.低通滤波

低通滤波的作用是削弱高频信号，让低频信号通过，这正好与高通滤波相反。在生物信号采集时，其作用是消除高频干扰对采集信号的影响，例如在心电信号中混杂有高频的热噪声或其他高频信号。

### 5.50Hz滤波

50Hz 滤波的作用是削弱交流电源中的 50Hz 工频干扰信号。该干扰信号相对于采集的生物信号而言通常强度更强，而且混叠在有效生物信号中，例如心电、脑电中。

## 四、BL-422I集成化生物信号采集与处理系统

BL-422I集成化生物信号采集与处理系统（以下简称BL-422I系统）是在生物信号采集系统的基础上进一步把动物机能实验中使用到的相关设备，例如小动物呼吸机、小动物肛温仪、摄像与照明系统等集成在一套整体化实验台中，从而方便实验人员在同一台实验设备上完成不同动物机能实验（图1-4）。

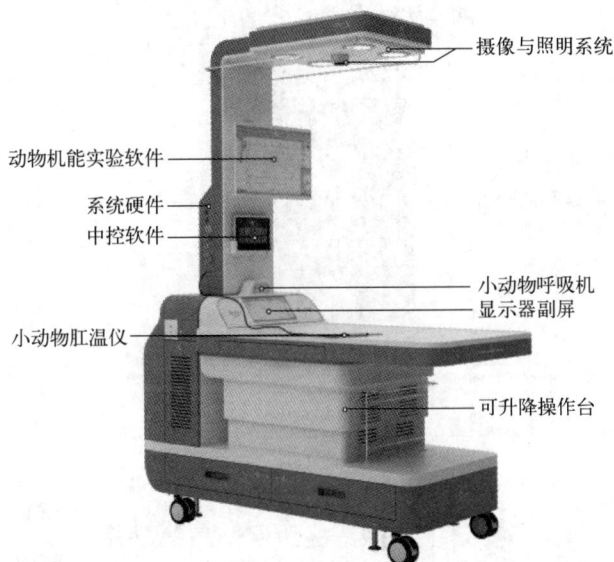

图1-4　BL-422I集成化生物信号采集与处理系统

### 1. 系统硬件

系统硬件是信号采集系统的基础，其将原始生物信号进行放大、滤波及数字化等处理。了解系统硬件接口面板，可以帮助我们正确地使用信号采集系统。以下对系统硬件的各个相关部分进行简单描述。

（1）系统硬件接口面板

系统硬件接口面板是系统硬件与外部联系的部位，其包含多个输入、输出接口（图1-5）。

（2）系统附件

为了完成生物信号的采集，需要使用各种信号引导线和换能器附件等，这些部件统称为系统附件（图1-6）。

换能器又称为传感器，是将非电生物信号转换为电信号的实验装置。动物机能实验中常用的换能器有压力换能器、张力换能器、呼吸流量换能器、温度换能器等。生物电信号引导线直接将生物电信号如心电、脑电、神经干动作电位等引导至系统硬件中。其他的附件还包括专用的神经标本屏蔽盒及尿液计滴器等。

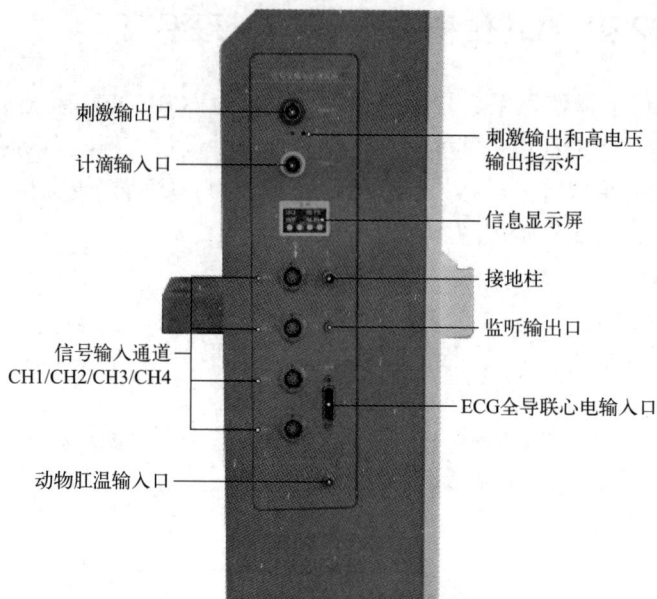

刺激输出口
计滴输入口

刺激输出和高电压
输出指示灯

信息显示屏

接地柱

监听输出口

信号输入通道
CH1/CH2/CH3/CH4

ECG全导联心电输入口

动物肛温输入口

图1-5 BL-422I系统硬件接口面板

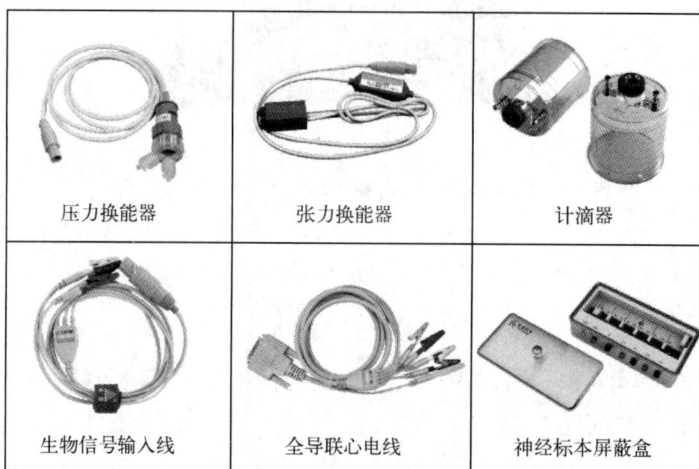

| 压力换能器 | 张力换能器 | 计滴器 |
|---|---|---|
| 生物信号输入线 | 全导联心电线 | 神经标本屏蔽盒 |

图1-6 BL-422I系统附件

## 2. 软件使用

动物机能实验系统软件是实验者完成实验时与系统进行交互的主要界面。实验者可以在系统软件上完成实验前、实验中的、实验后的相关学习和操作。在实验前，实验者可以在系统软件中学习实验内容的相关原理、方法和操作技巧等知识；在实验过程中，实验者使用系统软件进行生物信号采集、显示和分析等操作完成实验；在实验后，实验者提取相关实验数据并撰写实验报告，将实验数据和实验报告上传到信息化管理中心，教师可以在网上批阅和指导实验报告。本章节主要对实验过程中的系统软件使用方法进行介绍（图 1-7）。

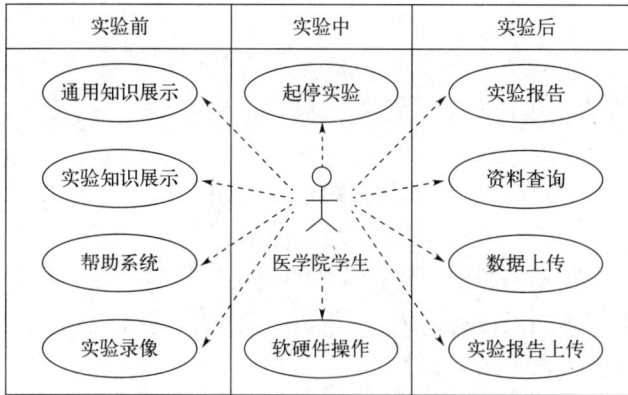

图1-7 实验者使用BL-422I系统软件的模式图

（1）软件启动

双击电脑桌面程序"BL-422I系统软件"图标即可启动软件，默认 BL-422I 系统软件开机时自动启动。

（2）软件界面

系统软件界面是动物机能实验操作的主要交互接口。

① 系统软件主界面：主界面主要包含功能区、实验数据列表视图、波形显示视图，以及刺激参数调节视图等区域（图 1-8）。

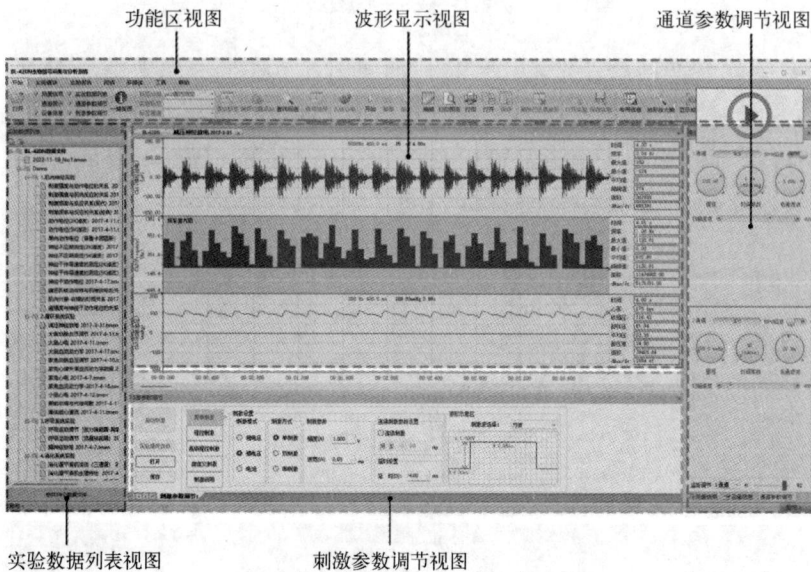

图1-8 BL-422I系统软件主界面

② 视图的显示与隐藏：系统软件中包含多种视图，除波形显示视图之外，其余视图均可以被显示或隐藏。通过选择"功能区"→"开始"分类栏下面的"视图"功能栏中的复选框可以显示或隐藏相应视图（图 1-9）。

（3）启动实验

系统软件提供三种启动实验采集的方法，分别是从实验模块启动实验、从信号选择对话框进入实验或者从快速启动按钮开始实验。

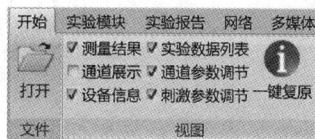

图1-9　功能区中视图功能栏内部的视图显示与隐藏复选框

① 从实验模块启动实验：这是教学实验中最常用的启动实验方法。选择"功能区"→"实验模块"分类栏，然后根据需要选择具体实验模块开始实验。从实验模块启动实验时，系统会自动设置各种信号采集的软硬件参数，例如采样通道数、采样率、增益、滤波、刺激参数，以及分析参数等，方便快速进入实验状态（图1-10）。

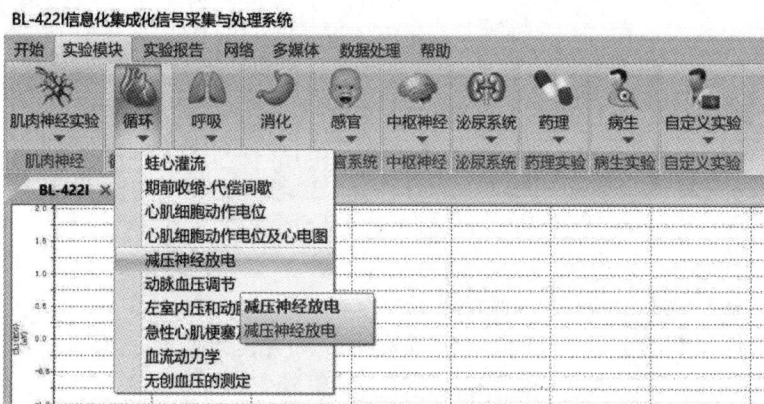

图1-10　功能区中的实验模块启动按钮

② 从信号选择对话框启动实验　这是一种通用且灵活的开始实验的方法，主要适用于科研实验工作。选择"功能区"→"开始"分类栏中的"信号选择"按钮，实验者根据自己的实验内容，手动为每个通道配置相应的系统硬件参数（图1-11）。

图1-11　信号选择对话框

③ 从快速启动按钮开始实验　单击"启动视图"或功能区中的"开始"按钮启动实验。在第一次进入系统软件后使用该功能，系统会按照默认设置（4通道心电信号）快速

启动实验；如果在上一次停止实验后使用快速启动方式启动实验，系统会按照上一次实验的参数启动本次实验（图1-12）。

**图1-12 快速启动实验按钮**

A.启动视图中的开始按钮；B.功能区开始栏中的开始按钮

（4）观察和调节实验波形

实验波形记录在波形显示视图区内，为了便于观察波形特征，通常需要执行以下几种操作来调节波形的幅度高低及时间压缩比。

① 波形扩展或压缩：鼠标置于"时间坐标轴"区域，滚动鼠标可对所有通道波形进行时间轴扩展或压缩；在单通道波形显示区域内滚动鼠标则可对单通道波形进行扩展或压缩（图1-13）。

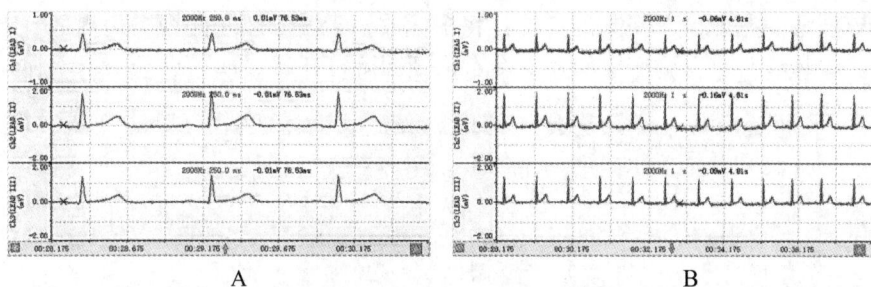

**图1-13 波形的压缩与扩展**

A.多通道波形同时扩展；B.多通道波形同时压缩；

② 波形放大或缩小：鼠标置于相应波形通道的"纵向标尺区"，滚动鼠标可实现对该波形幅度的放大或缩小；按下鼠标左键不松开并上下移动鼠标位置，可拖动该波形上下移动，使其达到最佳观察位置。在标尺窗口中双击鼠标左键，波形将恢复到默认标尺大小（图1-14）。

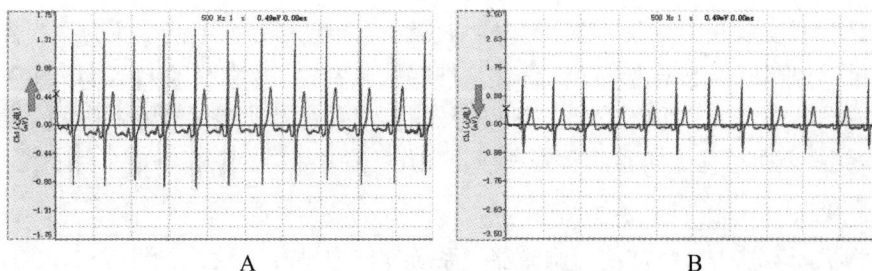

**图1-14 波形的放大与缩小**

A.放大波形；B.缩小波形

11

（5）波形复制

在波形选择区域左上角按下鼠标左键，然后按住鼠标左键不放，同时向右下方拖动鼠标确定选择区域的右下角，确定后松开鼠标左键完成波形选择。此时，被选择波形及其时间轴和幅度标尺以图形方式被复制到计算机内存中，用户可在 Word 文档中粘贴已复制的波形（图 1-15）。

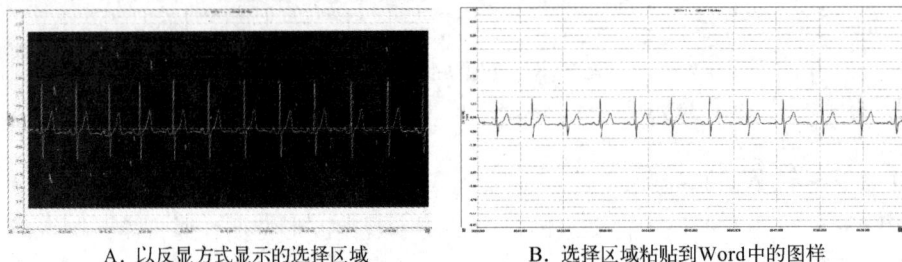

A. 以反显方式显示的选择区域　　　　　　B. 选择区域粘贴到 Word 中的图样

图1-15　复制通道波形的方法

（6）波形"双视"显示

波形双视显示用于实现波形的前后对比。在实时记录时，右视显示实时记录波形，左视显示历史波形。打开"双视"的方法：将鼠标放置于波形区左侧视图边界处，当鼠标图标变换为"双竖线"时，按住鼠标左键向右拖动即可打开"双视"显示（图 1-16）。

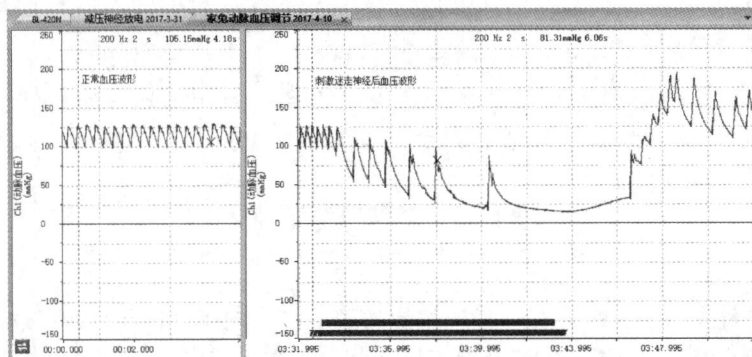

图1-16　双视对比显示不同时段波形

（7）暂停和停止实验

暂停是指在实验过程中暂停波形采样与移动；停止是指停止整个实验。当停止实验时，用户可以保存记录数据为命名文件，文件默认命名为"XX 年 X 月 X 日 _NoX.tmen"。在"启动视图"中点击"暂停"或"停止"按钮，或者选择功能区开始栏中的"暂停"或"停止"按钮，就可以完成实验的暂停和停止操作（图 1-17）。

（8）刺激器

在动物机能实验中会经常使用刺激器，系统软件中设有刺激参数调节和刺激发出控制功能，用户可根据自己需求对刺激模式、刺激方式、刺激参数进行调节，以达到实验要求（图 1-18）。

A. 启动视图中的暂停、停止按钮    B. 功能区开始栏中的暂停、停止按钮

**图1-17 暂停、停止控制按钮区**

**图1-18 刺激器视图区**

**（9）数据反演**

数据反演是指查看已保存的实验数据。可在开始菜单中选择"打开文件"或通过双击主界面左边实验数据列表中的文件名打开相应实验数据进行反演（图1-19）。

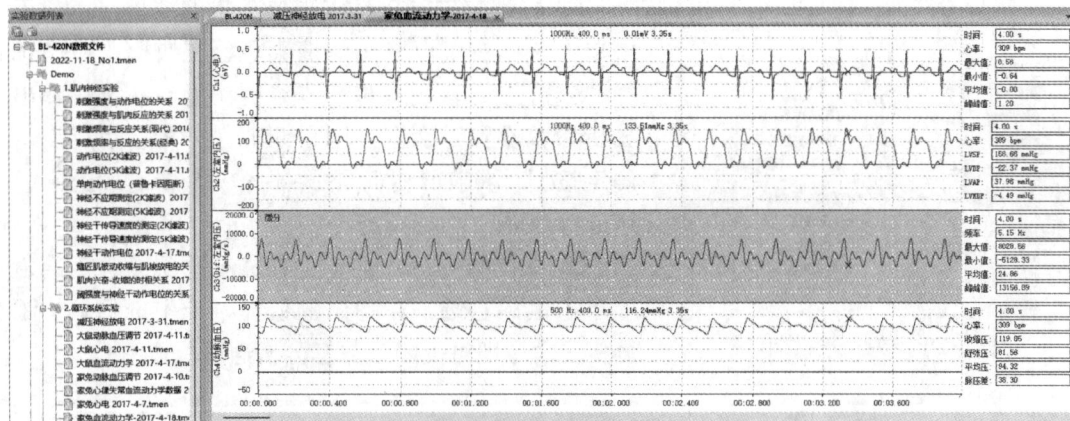

**图1-19 数据反演示例**

**（10）数据测量**

数据测量包括通用测量与专用测量。通用测量包括点测量及区间测量等；专用测量包括心功能参数测量及血流动力学测量等。下面以区间测量为例说明测量操作步骤。

① 启动区间测量：在波形显示视图中点击鼠标右键，在弹出的快捷菜单上选择"测量"→"区间测量"功能。

② 选择测量区间：将鼠标移动到测量波形段起点位置，单击鼠标左键确定起点，再次移动鼠标确定测量终点，确定后单击鼠标左键完成本次测量。

③ 查看测量结果：区间测量结果显示在测量通道右边。

④ 结束测量：在任何通道中按下鼠标右键都将结束本次测量（图1-20）。

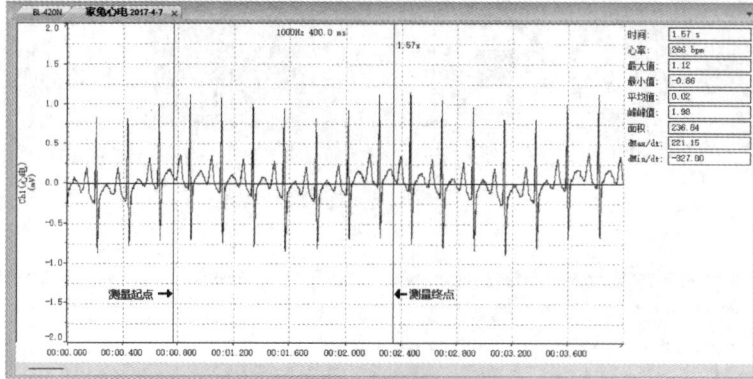

图1-20 数据测量

（11）数据分析

这里的数据分析是指对数据进行变换，它可以让实验者从另一个角度观察实验数据，例如对减压神经放电信号做频率直方图分析，可以观察一段时间内的神经放电频率；对心脏左室内压进行微分分析，可以展示左室内压变化的速度等信息。数据分析包括微分、积分、频率直方图、频谱分析等。数据分析的基本操作步骤如下（图1-21）。

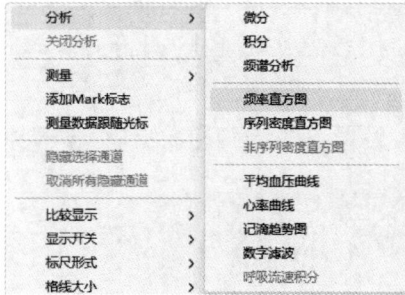

图1-21 数据分析菜单

① 启动数据分析：在需要分析的波形显示通道中单击鼠标右键以弹出快捷菜单，在快捷菜单中选择"分析"菜单下面的具体分析功能，系统将弹出分析参数设置对话框，用户调节完分析参数后点击确定按钮，将在该通道下面插入一个新的通道来显示分析结果。

② 关闭数据分析通道：在需要关闭的分析通道上单击鼠标右键，在弹出的快捷菜单中选择"关闭分析"命令即可关闭该数据分析通道。

（12）实验报告

实验完成后，实验者可以在系统软件中直接编辑并保存实验报告。通过选择"功能区"→"开始"分类栏下"实验报告"选项栏中"编辑"按钮启动实验报告编辑功能。在"功能区"→"实验报告"分类栏下用户还可以对实验报告参数进行进一步设置（图1-22）。

A. 功能区开始栏中实验报告编辑功能

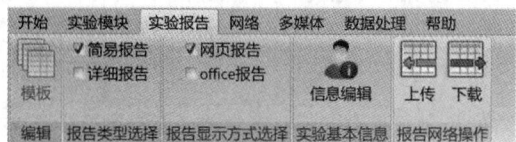

B. 功能区实验报告栏中实验报告参数设置

图1-22 启动实验报告编辑功能

① 编辑实验报告：网页实验报告可以直接在系统软件中编辑，实验者可以在实验报告中输入实验相关信息，如实验目的、方法、结论或其他信息等，也可以从打开的原始数据文件中选择波形粘贴到实验报告中。默认实验报告将当前屏幕显示波形自动粘贴到实验报告的"实验结果"显示区中（图1-23）。

② 实验报告打印和保存：网页报告的打印与保存，直接点击网页报告右上角"打印"或"保存"按钮即可；如果是office报告，则需要在系统软件"功能区"的"开始"分类栏下"实验报告"选择区中点击"打印"按钮。

③ 实验报告上传与下载：上传实验报告是指将当前编辑或选择的实验报告上传到基于Internet的实验室信息管理系统服务器中，在"功能区"的"实验报告"分类栏下"报告网络操作"分项区中点击"上传"按钮完成上传实验报告操作。一旦成功上传实验报告，实验者将来可以在任何地方下载已上传实验报告进行编辑；老师也可在服务器中对实验报告进行在线批阅和指导。

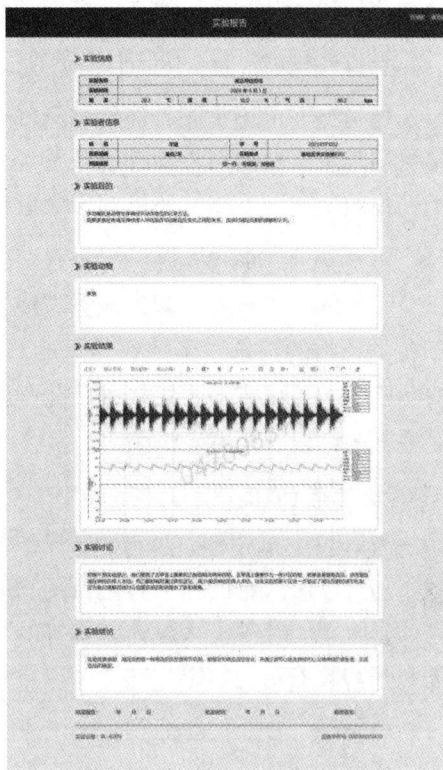

图1-23 网页版实验报告编辑页面

# 第三节 常用实验动物和动物实验基本知识

实验动物（experimental animals）是经过人工科学育种、饲养和繁殖，受遗传学、微生物学和寄生虫学控制，供科研、教学、生产、检验及其他科学实验的动物。实验动物是生物、医学研究不可或缺的部分，在生理学实验中更是主要的实验对象。

根据实验合理选择实验动物，熟练掌握实验操作是顺利完成实验并获得可靠结果的前提。

## 一、常用动物种类及选择

### （一）种属的选择

动物的种属差异是影响药物作用的因素之一。一般在分类学上，与人类接近的动物，其反应性也与人类比较接近。如研究对高级神经活动的影响，常选用猴和犬；观察变态反应时，采用豚鼠较适宜；氯霉素引起再生障碍性贫血只有用鸭子才能制造此种病理模型；而研究作用于传出神经系统药物对心肌的反应，各种动物基本均适用。现简单介绍常用实验动物的特点及其在机能学实验中的应用。

### 1. 蛙和蟾蜍（frog and toad）

蛙和蟾蜍常用于制备体外心脏标本，以观察药物对心肌的作用。其坐骨神经腓肠肌标本可用来观察药物对外周神经或神经骨骼肌接头的作用。腹直肌标本用于乙酰胆碱和箭毒类药物的鉴定。整体蛙还可用于中枢神经系统兴奋作用部位的分析。

### 2. 小鼠（mouse）

小鼠的人工饲养、繁殖较为方便，是实验中使用最为广泛的实验动物之一。小鼠可用于各类药物的筛选、半数致死量的测定；疟疾、血吸虫病和各种细菌性疾病的实验治疗；避孕药的实验研究；人工接种或化学致癌物所致肿瘤后，用于抗肿瘤药物筛选与药物的致癌性试验，以及抗衰老试验等。

### 3. 大鼠（rat）

大鼠与小鼠相似，但其体形较大，在某些实验中使用更为方便，其使用量仅次于小鼠。如可以用大鼠的踝关节进行药物的抗炎作用试验；可直接记录心电及血压，或通过胆管插管收集胆汁等。大鼠体外膈神经、膈肌标本和子宫标本分别用于神经骨骼肌接头阻断剂和子宫收缩药的鉴定。

### 4. 豚鼠（guinea pig）

豚鼠易被抗原性物质所致敏，对组胺特别敏感，常用来观察药物的致敏作用和筛选抗过敏药。豚鼠对结核分枝杆菌高度敏感，对白喉杆菌、鼠疫杆菌、钩端螺旋体、霍乱弧菌和沙门菌等也敏感，可作为其感染模型，用于药物筛选。豚鼠的皮肤对毒物刺激反应灵敏，也常用于局部皮肤对毒物作用的测试。豚鼠离体心脏和回肠常用于研究强心苷或作用于传出神经系统药物的试验。

### 5. 地鼠（仓鼠，hamster）

地鼠作为实验动物的地鼠主要有 2 种：金黄地鼠和中国地鼠。金黄地鼠应用于狂犬病毒、乙型脑炎病毒的研究及其疫苗的生产和鉴定、小儿麻疹的研究。由于地鼠性成熟早、性周期准确、繁殖周期短，常用于生殖生理、计划生育的研究，还用于内分泌学，维生素 A、维生素 E 和维生素 $B_2$ 的缺乏及口腔龋齿的研究。中国地鼠由于其染色体数量少而形态大等特点，常用于染色体畸变、细胞遗传、辐射遗传和进化遗传的研究。中国地鼠易自发糖尿病，也是真性糖尿病的良好模型。

### 6. 兔（rabbit）

兔容易饲养，比较驯服，有较大的体形，其耳缘静脉又便于注射给药及采血，是生理病理学实验中用得较多的一种动物。兔可用于直接记录心电、血压、呼吸及脑电等。成年雌兔可以诱发排卵，用于避孕药的研究。因兔的体温变化对外界因素比较敏感，故可用于解热药实验及注射剂的致热原检查。兔的离体心脏还是观察药物对哺乳动物心脏直接作用的合适模型。兔血清产生较多，因此也广泛用于制备高效价和特异性强的免疫血清。兔离体耳和离体肠常用于观察药物对血管和肠道平滑肌的作用。

### 7. 猫（cat）

猫的血压比较稳定，用于观察药物对血压的影响比家兔更合适。猫对神经骨骼肌接头阻断药的反应性与人类最接近，是研究骨骼肌松弛药的常用动物。猫和兔头部表面与脑的各部分有比较固定的对应关系，可在脑内插电极来观察脑电活动，且猫脑比兔脑约大1倍，故更为合适。另外，猫对强心苷较为敏感，是用于研究强心苷类药物的常用动物。

### 8. 犬（dog）

犬在解剖和生理上的特点与一般哺乳类实验动物相比更接近于人，可提供人类自发和诱发的动物疾病模型，广泛用于病理、药理、毒理、生理、遗传、营养和实验外科的研究，如条件反射、高血压的实验治疗。其人工胃瘘及肠瘘可用于观察药物对胃肠蠕动和分泌的影响等。在进行新药临床前长期毒性试验时，犬也是常规使用的动物之一。

### 9. 小型猪（mini-pig）

小型猪的心血管系统、消化系统、营养需要、皮肤结构、眼球、牙齿结构、骨髓发育、矿物质代谢等与人类颇为相似，且小型猪躯体大小合适，便于饲养管理和实验处理，在某些研究方面有应用小型猪取代犬的趋势。

### 10. 猕猴（恒河猴，rhesus monkey）

猕猴比较昂贵且难以获得，不过它与人类在分类学上最为接近，神经系统比较发达，有月经周期，因而在观察药物对高级神经活动和生殖生理的影响及进行新药的临床前毒性观察时仍需使用。

### （二）动物种群

按遗传学控制方法，根据基因纯合的程度，可将实验动物分为近交系、远交系、突变系和系统杂交动物4类。

#### 1. 近交系动物

近交系动物一般称之为纯系动物，按血缘关系采用兄妹交配或亲子交配，如小鼠或大鼠等啮齿类动物是同胞兄妹连续交配20代以上而培育出来的，是在遗传上具有高度纯合性和稳定性的纯品系动物，其近交系数可达99.8%。其优点是可以获得精确度高的实验结果，而且各项实验结果极易重复，具有可比性，对各种应激反应均一，周期短，使用动物少，可做病理模型，遗传背景明确。但是由于近交系动物是高度近交培育而成，必然造成近交衰退，如对生长环境条件要求较高、产仔少、饲料中营养要求高等特点。

#### 2. 远交系动物

远交系动物也称"封闭群"动物，是以非近亲交配方式进行繁殖生产的实验动物群，在不从其外部引入新个体的条件下，至少连续繁殖4代。它是以群体遗传学为基础，包括封闭年限、群体大小、群体结构等。由于封闭群繁殖率高，具有杂合性，适用于大量繁殖，可满足生物制品、制药厂各种药品的安全性和效价评价等对动物的大量需要。

#### 3. 突变系动物

动物受各种内外因素影响引起染色体畸变和基因突变而育成某些特殊性状表型的品

系，称之为突变系动物。有的突变系动物与人的疾病相似，如肥胖小鼠具有与人类极相似的肥胖病和糖尿病，肌肉萎缩症小鼠具有与人类相似的肌肉萎缩症等。许多模型是由自然突变和自发突变而产生的，这就需要由实验育种工作者去发现、研究并留种育成。

### 4. 系统杂交动物

系统杂交动物指两个不同品系的近交系动物之间杂交产生的第一代杂交动物。此系统杂交动物又称 $F_1$ 代动物，也可以称"杂交一代""子一代"或"杂种一代"动物。$F_1$ 代动物是由两个不同品系的近交系杂交培育而来，具有杂交优势，对外界的适应能力和抗病能力强，产仔率高，克服了因近交繁殖引起的各种近交衰退现象。但也具有近交系的优点：与纯系动物基本相似的遗传均质性，虽基因不是纯合子，但基因是整齐一致的，遗传性稳定，表现型也一致，实验结果易重复，便于国际交流，故在生物医学研究中广泛应用。如干细胞、移植免疫、细胞动力学、单克隆抗体等的研究。

### （三）实验动物分级

国际上，按微生物控制的程度，可将实验动物分为 4 类：无菌动物、悉生动物、SPF 动物和普通动物。

#### 1. 无菌动物（germfree animals，GF）

无菌动物指机体内外均无任何寄生物（微生物和寄生虫）的动物，采用当前的手段无法检出一切其他生命体。它是在全封闭无菌条件下饲养的动物（如隔离器）。

#### 2. 悉生动物（gnotobiotic animals，GN）

悉生动物指机体内带有已知微生物的动物，故又称已知菌动物。它是将已知菌植入动物体内，因植入的菌类数量不同可分为单菌动物、双菌动物和多菌动物。

以上两类动物必须饲养于隔离环境（全封闭无菌条件下），饲料、饮水和笼具均要严格消毒，确保无菌。饲料中的营养成分（特别是维生素类营养物质必须齐全），以满足无菌动物的需要。无菌动物和悉生动物适用于一些特殊的研究试验，如病原研究、微生物之间关系研究、宿主与微生物之间关系研究、营养与代谢研究、抗肿瘤研究等。

#### 3. SPF动物

SPF 动物即无特定病原体动物（specific pathogen free animals，SPF），它是机体内无特定的微生物和寄生虫的动物，但非特定的微生物和寄生虫是允许存在的，所以实际上就是指无传染病的健康动物。SPF 动物必须饲养于屏障环境中，饲料、饮水、垫料和笼具等必须灭菌，操作人员必须严格执行操作规程。

#### 4. 普通动物（conventional animals，CV）

普通动物又称常规动物，是指在一般自然环境中饲养的、允许带有寄生虫和细菌，但不允许带有人畜共患病的动物。普通动物应具有健康动物的外貌，毛色光泽、贴身，皮肤有弹性，无瘢痕及缺损，头、脸、四肢不肿胀，无弓背吊腹的表现，呼吸平稳，不气喘和咳嗽，无肉眼可见的病灶。普通动物饲养于普通环境中，饲喂全价饲料，饮水应符合城市饮水卫生标准，饲料、垫料要消毒，饲养室温度、湿度能人工控制，能防止蚊虫等昆虫进人。饲养室内外环境应定期打扫、消毒。病死的动物要焚毁。普通动物对实验的反应性差，实验结果可靠性较低，它只能供教学和预备试验用，不宜用于科学研究。

国内则将实验动物按微生物标准分为：一级动物、二级动物、三级动物和四级动物。

一级动物即普通动物。二级动物为清洁动物，这类动物除一级动物要求不能带有人兽共患疾病的病原体及体外寄生虫外，还需不带有动物传染病的病原体和对科学实验干扰大的病原体。清洁动物外观无病，不允许出现临床症状和脏器的病变及自然死亡。清洁动物是我国自行设立的一种等级动物，这类动物因在实验中可免受动物疾病的干扰，其敏感性和重复性较好，适用于大部分的科研实验，目前我国已逐步广泛应用。清洁级动物必须饲养于半屏障环境中，饲料、饮水和垫料等均须消毒。工作人员需要更换灭菌工作服、鞋帽、口罩等后才可进入饲养室操作。饲养室必须控制温度、湿度、光照强度和光照时间。三级动物为 SPF 动物。四级动物为无菌动物和悉生动物。

## （四）常见实验动物的生理常数（表1-2）

表1-2　常见实验动物的生理常数

| 生理参数 | | 小鼠 | 大鼠 | 豚鼠 | 兔 | 犬 | 猴 | 猫 |
|---|---|---|---|---|---|---|---|---|
| 体重 | ♂ | 20～40g | 200～350g | 500～750g | 2.5～3kg | 13～18kg | 4.5～5.5kg | 3～4kg |
| | ♀ | 18～35g | 180～250g | 400～700g | 2～2.5kg | 12～16kg | 4～5kg | 2～3kg |
| 寿命（年） | | 2～3 | 3～5 | 5～8 | 5～12 | 15～22 | 15～25 | 8～14 |
| 心率（次/min） | | 470～780 | 370～580 | 200～360 | 123～304 | 80～120 | 140～200 | 120～140 |
| 呼吸频率（次/min） | | 84～230 | 66～114 | 69～104 | 38～60 | 11～37 | 31～52 | 20～30 |
| 体温（℃） | | 37～39 | 37.8～38.7 | 38.9～39.7 | 38.0～39.6 | 38.5～39.5 | 38.3～38.9 | 38.0～39.5 |
| 染色体数（2n） | | 40 | 42 | 64 | 44 | 78 | 42 | 38 |
| 性成熟 | ♀ | 35～45d | 60d | 30～45d | 5～6月龄 | 6～10月龄 | 3.5岁 | 6～10月龄 |
| | ♂ | 45～60d | 70～75d | 70d左右 | 7～8月龄 | 6～10月龄 | 4.5岁 | 6～10月龄 |
| 血量（mL/100g） | | 5.85 | 5.75～6.99 | 5.75～6.99 | 4.78～6.95 | 7.65～10.7 | 4.43～6.66 | 4.73～6.57 |

# 二、常用动物捉持法、编号法、给药法及取血法

## （一）捉持法

### 1.小鼠的捉取固定方法

小鼠温顺，一般不会主动咬人。捉取时先用右手捉住鼠尾提起，置于鼠笼或其他粗糙面向后拉，在其向前爬行时，用左手拇指和食指捉住小鼠的两耳和颈部皮肤，其余三指和掌心夹住其背部皮肤及尾部，这样小鼠便可被完全固定在左手中。有经验者可直接用左手小指勾起鼠尾，迅速以拇指和食指、中指捏住其耳后颈背部皮肤。这种在手中的固定方式，能进行实验动物的灌胃、肌内注射和腹腔注射及其他实验操作。如进行解剖、手术、心脏采血和尾静脉注射时，则需将小鼠按一定的形式固定，解剖手术和心脏采血等均可使动物先取仰卧位（必要时先行麻醉），再用固定针将鼠的前后肢依次固定在鼠板上。

### 2. 大鼠的捉取固定方法

大鼠的捉取方法基本同小鼠,只不过大鼠比小鼠牙尖、性猛,不宜用袭击方式捉取,否则会被咬伤手指。捉取时为避免咬伤,可戴上帆布手套。如果进行腹腔、肌内、皮下等注射和灌胃时,同样可采用左手固定法,用拇指和食指捏住鼠耳,余下手指紧捏鼠背皮肤,置于左掌心中,这样右手即可进行各种实验操作。也可伸开左手的虎口,敏捷地从后面一把抓住。若做手术或解剖等,则需事先麻醉或处死,然后用细棉线绳活结缚腿,背卧位固定大鼠于固定板上。尾静脉注射时的固定同小鼠(只需将固定架改为大鼠固定盒)。

### 3. 蛙类的捉取固定方法

蛙类捉取方法宜用左手将动物背部贴紧手掌固定,以中指、环指、小指压住其左腹侧和后肢,拇指和食指分别压住左、右前肢,右手进行操作。在捉取蟾蜍时,注意勿挤压其两侧耳部凸起的毒腺,以免毒液射入眼中。实验如需长时间观察,可破坏蛙类的脑脊髓(观察神经系统反应时不应破坏脑脊髓)或麻醉后用蛙足钉固定在蛙板上。依实验需要采用俯卧位或仰卧位固定。

### 4. 豚鼠的捉取固定方法

豚鼠胆小易惊,性情温和,不咬人,捉取幼小豚鼠时,只需用双手捧起来;对体形较大或怀孕的豚鼠,先用手掌迅速扣住鼠背,抓住其肩胛上方,以拇指和食指提起颈部皮肤,另一只手托住其臀部。

### 5. 兔的捉取固定方法

(1)捉取

实验家兔多数饲养在笼内,所以捉取较为方便。家兔比较驯服,一般不会咬人,但脚爪较尖,应避免被抓伤。一般以右手捉住兔颈部的毛皮提起,然后左手托起臀部,使家兔呈坐位姿势,让其体重的大部分集中在左手上,这样可避免抓取过程中的动物损伤。单提兔耳、捉拿四肢、提抓腰部和背部都是不正确的抓法。

(2)固定

一般将家兔的固定分为盒式、台式和马蹄形三种。盒式固定,适用于兔耳采血、耳血管注射等情况;若做动脉血压测量、呼吸等实验和手术时,则需将兔固定在兔台上,四肢用粗棉绳活结固定,拉直四肢,将绳打结固定在兔台四周的固定块上,头以固定夹固定或用根粗棉绳挑过兔门齿固定在兔台铁柱上;马蹄形固定多用于腰背部,尤其是颅脑部位的实验。固定时先剪去两侧眼眶下部的毛皮,暴露颧骨突起,调节固定器两端钉形金属棒,使其正好嵌在突起下方的凹处,然后在适当的高度固定金属棒。马蹄形固定器可使兔处于背卧位或腹卧位,所以也是研究中常采用的固定方法。

## (二)编号标记方法

动物在实验前常常需要做适当的分组,那么就需将其标记,使各组有所区别。标记的方法很多,良好的标记方法应满足标号清晰、耐久、简便、适用的要求。

### 1.颜料涂染

这种标记方法在实验室最常使用，也很方便。大鼠和小鼠的编号一般都用不同颜料涂染皮毛的方法来标记，常用的涂染化学品如下：涂染黄色用 3%～5% 苦味酸溶液，涂染红色用 0.5% 中性红或品红溶液，涂染咖啡色用 20% 硝酸银溶液，涂染黑色用煤焦油的乙醇溶液等。其中以第一种最常用，在动物固定的不同部位涂上苦味酸斑点表示不同号码。一般习惯在左前腿上为 1，左侧腰部为 2，左后腿上为 3，头部为 4，正中为 5，尾基部位为 6，右前腿为 7，右侧腰部为 8，右后腿上为 9，不涂染鼠为 10。如果试验时动物编号超过 10，可在动物的同一部位上再涂染另一种涂染剂（图 1-24）。

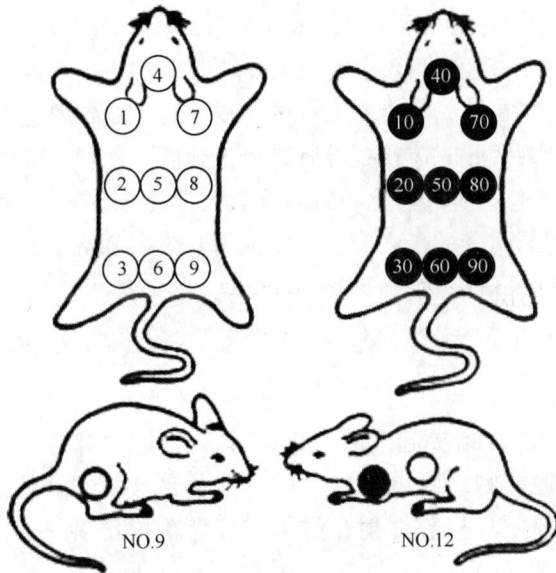

图1-24 大小鼠标记法

### 2.烙印法

烙印法是用刺数钳在动物耳上刺上号码，然后用棉签蘸着溶解在乙醇中的黑墨在刺号上加以涂抹。烙印前最好对烙印部位用乙醇消毒。

### 3.号牌法

号牌法是用金属制的牌号固定于实验动物的耳上，大动物可系于颈部。

对猴、犬、猫等大动物有时可不作特别标记，只记录它们的外表和毛色即可。

## （三）给药途径和方法

在动物实验中，为了观察药物对功能、代谢及形态造成的变化，常需将药物注入动物体内。给药的途径和方法是多种多样的，可根据实验目的、实验动物种类和药物剂型等情况确定。

### 1.经口给药

经口给药是常用的给药方式，有口服和灌胃两种。口服法可将药物放入饲料或溶解于饮水中，由动物自由摄取。一般为保证剂量的准确，多用灌胃法。

（1）小鼠、大鼠、豚鼠

灌胃时将灌胃针接在注射器上，吸入药液。左手固定动物，右手持注射器，将灌胃针经口角插入动物口中，沿咽后壁徐徐插入食管，针插入时应无阻力。若感到阻力或动物挣扎时，应立即停止进针或将针拔出，以免损伤或穿破食管，甚至误入气管。一般当灌胃针插入小鼠 3～4cm，大鼠或豚鼠 4～6cm 后可将药物注入。常用的灌胃量小鼠为 0.1～0.3mL/10g，大鼠、豚鼠为 1～2.0 mL/100g。

（2）犬、兔、猫、猴

灌胃时，先将动物固定，再将特制的扩口器放入动物口中，扩口器的宽度可视动物口腔大小而定。如犬的扩口器可用木料制成长方形，长 10～15cm，粗细应适合犬嘴，为 2～3cm，中间钻一小孔，孔的直径为 5～10cm。灌胃时将扩口器放于上述动物上下门牙之后，并用绳将它固定于嘴部，将带有弹性的橡皮导管（如导尿管）经扩口器上的小圆孔插入，沿咽后壁进入食管。此时应检查导管是否正确插入食管，可将导管外口置于一盛水的烧杯中，如不产生气泡，则认为此导管是在食管中，未误入气管。然后即可将药液灌入。各种动物一次灌胃能耐受的最大容积：小鼠为 0.5～1.0mL，大鼠为 4～7mL，豚鼠为 4～7mL，家兔为 80～150mL，犬为 200～500mL。

**2. 注射给药**

（1）皮下注射

注射时以左手拇指和食指提起皮肤，将连有 5 号针头的注射器注入皮下。皮下注射部位：犬、猫多在大腿外侧，豚鼠在后大腿的内侧或小腹部，大鼠、小鼠可在背部或大腿外侧，家兔在背部或耳根部注射，蛙可在脊背部淋巴腔注射。一般给药量小鼠为 0.1～0.2mL/10g，大鼠为 1mL/100g，家兔为 0.5～1.0mL/kg。

（2）皮内注射

注射时需将注射的局部脱去被毛，消毒后，用左手拇指和食指按住皮肤并使之绷紧，在两指之间，用注射器连接 4 号或 4.5 号细针头，紧贴皮肤表层刺入皮内，然后再向上挑起并稍刺入，即可注射药液，此时可见皮肤表面鼓起一白色小皮丘。

（3）肌内注射

应选肌肉发达、无大血管通过的部位，一般多选臀部或大腿部。注射时迅速垂直刺入肌肉，回抽针栓，如无回血，即可进行注射。给小鼠、大鼠等小动物进行肌内注射时，用左手抓住鼠两耳和头部皮肤，右手取连有 5 号针头的注射器，将针头刺入大腿外侧肌肉，将药液注入。

（4）腹腔注射

用大鼠、小鼠做实验时，以左手抓住动物，使腹部向上，右手将注射针头于左（或右）下腹部刺入皮下，使针头向前推 0.5～1.0cm，再以 45° 角穿过腹肌，固定针头，缓缓注入药液。为避免伤及内脏，可使动物处于头低位，使内脏移向上腹部。若实验动物为家兔，进针部位为离下腹部的腹白线 1cm 处。一般给药量小鼠为 0.1～0.3mL/10g，大鼠为 1～2.0mL/100g，家兔为 1.0～5.0mL/kg。

（5）静脉注射

① 小鼠和大鼠：一般采用尾静脉注射。鼠尾静脉有三根，左右两侧及背侧各一根，左右两侧尾静脉比较容易固定，多采用；背侧一根也可采用，但位置不易固定。操作时先将动物固定在鼠筒内或扣在烧杯中，使尾巴露出，尾部用 45～50℃ 的温水浸泡 30 秒或用乙醇棉球擦拭使血管扩张，并可使表皮角质软化，以左手拇指和食指捏住鼠尾两侧，使静脉充盈，用中指从下面托起尾巴，以环指和小指夹住尾巴的末梢，右手持注射器连 4 号细针头，使针头与静脉平行（小于 30°），从尾下 1/4 处（距尾尖 2～3cm）进针。此处皮薄易于刺入，先缓慢注射少量药液，如无阻力，表示针头已进入静脉，可继续注入；注射时若出现白色皮丘隆起，阻力增大，说明未注入血管，应拔出针头重新向尾根部移动注射。注射完毕后将尾部向注射侧弯曲以止血。如需反复注射，应尽可能从末端开始，并向尾根部方向移动。一般给药量小鼠为 0.05～0.3mL/10g，大鼠为 1.0～2.0mL/100g。麻醉大鼠可从舌下静脉给药，也可将大鼠腹股沟切开，从股静脉注射药物。

② 兔：兔耳部血管分布清晰。兔耳中央为动脉，耳外缘为静脉。内缘静脉深，不易固定，故不用。外缘静脉表浅，易固定，常用。先拔去注射部位的被毛，用手指弹动或轻揉兔耳，使静脉充盈，左手食指和中指夹住静脉的近端，拇指绷紧静脉的远端，环指和小指垫在下面，右手持注射器连 6 号针头尽量从静脉的远端刺入，移动拇指于针头上以固定针头，放开食指和中指，将药液注入。推注时如有阻力，局部出现肿胀，表明针头不在血管内，应立即拔针并重新向耳根部方向移动穿刺。一般药液为 0.2～2.0mL/kg，等渗药液可达 10mL/kg。注射完后，用干棉球压在针眼处，然后拔出针头，继续压迫针眼至血止。如需反复注射，应尽可能从远端开始，然后向耳根部方向移动注射。也可采用头皮针，穿刺后不拔出针头，用动脉夹或医用胶带将针头固定，缓慢滴注生理盐水保持静脉畅通，便于后续给药。

③ 豚鼠、猫和犬：可选前肢皮下头静脉或后肢小隐静脉注射。

（6）淋巴囊内注射

蛙及蟾蜍皮下有多个淋巴囊，对药物易吸收，但皮肤无弹性，药液容易从穿刺孔溢出。因此，给任何一个淋巴囊注射药物均不能直接刺入。如做腹淋巴囊注射时，将针头从股部上端刺入肌层，进入腹壁皮下淋巴囊再注射药物；作胸部淋巴囊注射时，针头由口腔底部穿过下颌肌层而达胸部皮下；作股淋巴囊注射时，应从小腿皮肤刺入，通过膝关节而达大腿部皮下。注入药液量一般为 0.25～0.5mL。

## （四）取血法

### 1. 大鼠、小鼠的血液采集方法

（1）眶静脉丛（窦）采血

小鼠为眶静脉窦，大鼠为眶静脉丛。可先将动物侧眼向上固定体位，左手拇指和食指轻轻压迫动物的颈部两侧，使眶静脉丛（窦）充血。右手持注射器或硬质毛细玻璃管，用采血管由眼内角在眼睑和眼球之间向喉头方向刺入。若为针头，其斜面先向眼球，刺入后再转 180° 使斜面对着眼眶后界。刺入深度：小鼠为 2～3mm，大鼠为 4～5mm。然后将采血管保持水平位，稍加旋转并后退吸取。

（2）眶动脉和眶静脉取血

常用摘眼球法从眶动脉和眶静脉取血，多用于小鼠。操作时用左手抓住动物颈部皮肤，将动物轻压在实验台上，取稍侧卧位，左手拇指和食指尽量将动物眼周围皮肤往眼后压，使其眼球突出充血后，用弯头眼科镊迅速夹去眼球，并将鼠倒置，头向下，眼眶内很快流出血液。一般取血量为小鼠体重的 4%～5%。

（3）尾静脉采血

首先将动物尾巴置于 45～50℃热水中，浸泡数分钟，也可用乙醇或二甲苯反复擦拭，使尾部血管扩张，擦干，剪去尾尖（小鼠 1～2mm，大鼠 5～10mm），血自尾尖流出，让血液滴入盛器或直接用吸管吸取。也可用试管等接住，自尾根部向尾尖按摩，血液会自尾尖流入试管。

（4）大血管采血

大鼠、小鼠可从颈动（静）脉、股动（静）脉等大血管采血。在这些部位取血均需麻醉后固定动物，然后做动（静）脉分离手术，使血管暴露清楚后，用注射器沿大血管平行方向刺入，抽取所需血量。小鼠、大鼠还可以从腹主动脉采血。首先将动物进行深麻醉，仰卧位固定，打开腹腔，将肠管推向一侧，然后用手指轻轻分开脊柱前的脂肪，暴露腹主动脉。针头在向心端方向平行刺入，立即采血。大鼠和小鼠还可采用断头取血、心脏取血。

### 2. 家兔的血液采集方法

（1）耳中央动脉采血

兔耳中央有一条较粗、颜色较鲜红的中央动脉。采血时，用左手固定兔耳，右手持注射器，在中央动脉末端，沿着动脉平行的方向刺入动脉，刺入方向应朝向近心端。不要在近耳根部进针，因其耳根部组织较厚，血管游离，位置较深、不清晰，易刺透血管造成皮下出血。一般用 6 号针头采血。取血完毕后注意止血。此法一次可采血 10～15mL。

（2）耳缘静脉采血

多用于家兔等动物的中量采血，可反复采取。采血姿势与耳缘静脉注射给药相同。操作时，将兔固定于兔盒内或由助手固定，选静脉较粗、清晰的部位，拔去采血部位的被毛。为使血管扩张，可用手指轻弹或用二甲苯涂搽血管局部。用 6 号针头沿耳缘静脉远心端刺入血管。也可以用刀片在血管上切一小口，让血液自然流出即可。取血后，用棉球压迫止血。此法一次可采血 5～10mL。

（3）心脏采血

将兔仰卧固定，用左手触摸左侧第 3～4 肋间隙，选择心搏最明显处穿刺。一般由胸骨左缘外 3mm 处将注射针头插入第 3～4 肋间隙。当针头正确刺入心脏时，由于心搏的力量，血液会自然进入注射器。采血中回血不好或动物躁动时，应拔出注射器，重新确认后再次穿刺采血。6～7 天后，可以重复进行心脏采血。

## 三、动物常用麻醉方法

在一些动物实验，特别是涉及手术操作的实验，为减少动物的痛苦和挣扎，保持其安静，便于操作，常对动物进行必要的麻醉。由于动物种属间的差异等情况，所采用的麻醉方法和选用的麻醉剂有所不同。

动物实验中常用的麻醉剂分为两类，即局部麻醉剂和全身麻醉剂。全身麻醉剂根据物理性质及使用方法的不同又分为挥发性麻醉剂和非挥发性麻醉剂。

## （一）常用的麻醉剂

### 1. 挥发性麻醉剂

常见挥发性麻醉剂包括乙醚和氯仿等。乙醚吸入麻醉适用于各种动物，其麻醉量和致死量差距大，所以安全性亦大，动物麻醉深度容易掌握，而且麻醉后苏醒较快。缺点是对局部刺激作用大，可引起上呼吸道黏膜腺体分泌增多，再通过神经反射可影响呼吸、血压和心搏活动并且容易引起窒息，故在进行乙醚吸入麻醉时必须有人照看，以防麻醉过深而出现上述情况。

### 2. 非挥发性麻醉剂

这类麻醉剂种类较多，包括苯巴比妥钠、戊巴比妥钠（pentobarbital sodium）、硫喷妥钠等巴比妥类的衍生物及氨基甲酸乙酯（urethane，乌拉坦）和水合氯醛，用于经血管内或血管外注射麻醉，如静脉麻醉、腹腔麻醉。使用方便，一次给药可维持较长的麻醉时间，麻醉过程较平稳，动物无明显挣扎现象；但缺点是苏醒较慢。

### 3. 局部麻醉剂

常用普鲁卡因、利多卡因或丁卡因。前两种药可局部注射使用，后者用于局部表面或黏膜麻醉。

## （二）麻醉方法

### 1. 全身麻醉

（1）吸入法

用一块圆玻璃板和一个钟罩或一个密闭的玻璃箱作为挥发性麻醉剂的容器，多选用乙醚作麻醉药。麻醉时取几个棉球，将乙醚倒在其中，迅速转入钟罩或箱内，让其挥发，然后把待麻醉动物投入，隔4～6min即可麻醉，麻醉后应立即取出动物，并准备一个蘸有乙醚的棉球小烧杯，在动物麻醉变浅时将其套在动物的鼻子上，使其补吸麻醉药。本法最适于大、小鼠的短期操作性实验的麻醉，当然也可用于较大的动物，只是要求有麻醉口罩或较大的玻璃箱。由于乙醚燃点很低，遇火极易燃烧，所以在使用时一定要远离火源。

（2）腹腔和静脉给药麻醉法

非挥发性麻醉剂均可用于腹腔和静脉注射麻醉，操作简便，是实验室最常采用的麻醉方法之一。腹腔给药麻醉多用于大、小鼠和豚鼠，较大的动物如兔、猫、犬等则多用静脉给药进行麻醉。由于各麻醉剂的作用时间长短及毒性的差别，所以在腹腔和静脉麻醉时，一定要控制好药物的浓度和注射量。

机能实验中常用的注射麻醉剂有以下几种。①氨基甲酸乙酯：该药易溶于水，在水溶液中稳定，一般配制成 20%～25% 的水溶液，常用于兔、犬、猫、大鼠、豚鼠的麻醉，可静脉注射和腹腔注射。一次给药后麻醉持续时间 4～6h 或更长，麻醉速度快，麻醉过程平稳，麻醉时对动物呼吸、循环无明显影响。但动物苏醒很慢，仅适用于急性动物实验。②戊巴比妥钠：该药易溶于水，水溶液较稳定，但久置后易析出结晶，稍加碱性溶液则可防止析出结晶。根据实验动物不同，可配制 1%～3% 水溶液，由静脉和腹腔注射，一次给药后麻醉维持时间 3～4h，一次补充量不宜超过原给药量的 1/5。③硫喷妥钠：为黄色粉末，水溶液不稳定，需临时配制成 2%～4% 的水溶液静脉注射。麻醉时间短为其特点，一次注射后麻醉维持时间仅 0.5～1h，实验中常需补充给药。在给予肌松剂的清醒动物实验中，可用该药做麻醉、气管插管或在接通呼吸机前的麻醉给药。④氯醛糖：该药溶解度小，宜配制成 1% 的水溶液静脉或腹腔注射，使用前应加热促其溶解，但该药对热不稳定，故加热温度不宜过高，以免降低药效。本药单独使用时，同等剂量情况下麻醉出现时间和麻醉深度因动物物种和个体差异变化较大，故在注入计算剂量后仍未达到理想麻醉状态时，不宜盲目加大剂量，应观察一段时间，以免用量过大导致动物死亡。氯醛糖较少抑制反射活动，故较适合需要保留反射的实验。

### 2. 局部麻醉

局部小手术或需要动物在清醒状态下进行实验时可采用局部麻醉。

（1）猫

猫的局部麻醉，一般应用 0.5%～1.0% 盐酸普鲁卡因注射液。黏膜表面麻醉宜用 2% 盐酸可卡因。

（2）兔

在眼球手术时，可于结膜囊滴入 0.02% 盐酸可卡因，数秒钟即可出现麻醉。颈部小手术也可用 0.5%～1.0% 盐酸普鲁卡因 1～2mL 注射。

（3）犬

犬的局部麻醉用 0.5%～1.0% 盐酸普鲁卡因注射。眼、鼻、咽喉表面麻醉可用。

### （三）麻醉的注意事项及异常情况急救

#### 1. 麻醉时的注意事项

（1）麻醉药用量除参考一般标准外，一定要考虑动物对药物耐受性的个体差异。在注射麻醉剂的过程中，必须密切观察动物的状态，随时检查动物的反应情况，绝不可按体重计算出的用量匆忙进行注射。

（2）静脉注射必须缓慢，同时观察呼吸频率和深度、肢体和腹壁肌的紧张度、角膜反射和对痛刺激的反应（用止血钳或镊子夹捏皮肤）。当这些活动明显减弱或消失时，立即停止注射。配制的药液浓度要适中，不可过高，以免麻醉过急；但也不能过低，以减少注入溶液的体积。

（3）实验时间过长，麻醉深度变浅，动物挣扎，腹壁肌张力增高，会影响腹部手术，这时可酌情补加麻醉药，但一次不宜超过总剂量的 1/5。

（4）麻醉时需注意保温。麻醉期间，动物的体温调节机能往往受到抑制，出现体温下降，可影响实验的准确性。此时常需采取保温措施。保温的方法有实验桌内装灯、电褥、台灯照射等。无论用哪种方法加温，都应根据动物的肛门体温而定。常用实验动物正常体温：猫为（38.6±1.0）℃，兔为（38.4±1.0）℃，大鼠为（39.3±0.5）℃。

### 2. 异常情况的急救

当实验进行中因麻醉过量、大失血、过强的创伤、窒息等各种原因而使动物血压急剧下降甚至测不到，呼吸极慢且无规则甚至出现呼吸停止、角膜反射消失等临床死亡症状时，应立即进行急救。急救的方法可根据动物情况而定。对犬、兔、猫常用的急救措施有下面几种。

（1）人工呼吸

可采用双手压迫动物胸廓进行人工呼吸。出现气管阻塞或半阻塞，呼吸不通畅，耳或唇发绀，应立即剪开气管，如果先前已插入气管插管者应立即拔管，用裹紧棉花的小棉签轻擦去分泌物，使气管通畅，再插入气管插管，用人工呼吸机通气，使呼吸频率和深度恢复正常。采用人工呼吸机时，应调整其容量：大鼠为 50 次 /min，每次 8m/kg，即 400m/（kg·min）；兔和猫为 30 次 /min，每次 10mL/kg，即 300mL/（kg·min）；犬为 20 次 /min，每次 100mL/kg，即 2000mL（kg·min）。有条件的实验室，当动物呼吸停止，而心搏极弱或刚停止时，可用 5%$CO_2$ 和 60%$O_2$ 的混合气体进行人工呼吸，效果更好。

（2）注射强心剂

可以静脉注射 0.1% 肾上腺素 1mL，必要时直接行心室内注射。肾上腺素具有增强心肌收缩力，使心肌收缩幅度增大与加速房室传导速度、扩张冠状动脉、增强心肌供血、供氧及改善心肌代谢、刺激高位和低位心脏起搏点等作用。

当动物注射肾上腺素后，如心脏已搏动但极为无力时，可从静脉或心腔内注射 1% 氯化钙，钙离子可使心肌收缩加强，血压上升。

（3）注射呼吸中枢兴奋药

可从静脉注射尼可刹米（或洛贝林山梗菜碱）。给药剂量和药理作用如下。①尼可刹米：每只动物一次注射 1mL（含量为 25%）。此药可直接兴奋延髓呼吸中枢，使呼吸加速、加深；对血管运动中枢的兴奋作用较弱。在动物抑制情况下作用更明显。②洛贝林：每只动物一次可注入 0.5mL（含量为 1%）。此药可刺激颈动脉体的化学感受器，反射性地兴奋呼吸中枢；同时此药对呼吸中枢还有轻微的直接兴奋作用。作为呼吸兴奋药，它比其他药作用迅速而显著。呼吸可迅速加深、加快，血压亦同时升高。

（4）动脉快速注射高渗葡萄糖液

一般常采用经动物股动脉逆血流加压、快速、冲击式地注入 40% 葡萄糖溶液。注射量根据动物而定，如犬可按 2～3mL/kg 计算。这样可刺激动物血管内感受器，反射性地引起血压、呼吸的改善。

（5）静脉输液

若手术过程中不慎损伤血管，导致动物出血，此时应沉着冷静，首先压迫出血部位，找准出血点，结扎止血。出血过多致使血压下降，需静脉注入温热生理盐水，使血压恢复或接近正常水平。

（6）动脉快速输血、输液

在做失血性休克等实验时采用。可在动物股动脉插一软塑料套管，连接加压输液装置（血压计连接输液瓶上口，下口通过胶皮管连接塑料套管）。当动物发生临床死亡时，即可加压（180～200mmHg）快速从股动脉输血和输入低分子右旋糖酐。如实验前动物曾用肝素抗凝，由于微循环血管始终保持通畅，不出现血管中血液凝固现象，因此即使动物出现临床死亡后数分钟，采用此种急救措施仍易救活。

（7）针刺

针刺人中穴对挽救家兔效果较好。对犬用每分钟几百次频率的脉冲电刺激膈神经效果较好。

## 四、使用实验动物的安全防护、注意事项及动物福利

实验动物作为科学实验对象，大大推动了生命科学，特别是医学的发展。虽然目前开始使用一些动物模型以外的细胞、组织、器官及基因材料进行科学研究和教学实验，但这些模型和材料不能完全模仿和替代人体或动物机体的复杂生理环境，因此，整体的动物实验仍然是研究生命科学的重要手段。

目前我国已颁布了《实验动物许可证管理办法（试行）》《实验动物管理条例》《实验动物质量管理办法》等一系列法律法规，在使用实验动物时应严格遵守。

在进行动物实验时应该特别注意：一是正确选择实验动物，对所用动物的育种、繁殖、遗传背景要比较清楚。二是在使用动物进行实验，特别是一些传染性疾病的研究时，必须保护好实验者和周围的环境，防止感染和污染。三是保证动物应享有的福利权，在使用动物进行医学或行为学的研究、检验和教学时，要有道德上的职责。要尽量照顾动物，尽量避免给动物带来不必要的痛苦或伤害。

### （一）使用实验动物的安全防护

动物实验造成的危害，包括操作不当或不慎造成的危害，以及微生物、寄生虫传染引起生物危害。动物实验生物危害的三大重要因素是动物性气溶胶、人畜共患病和实验室相关疾病感染。

#### 1.意外损伤的防护

动物实验操作时，由于操作不当或不慎常常会发生一些意外损伤的情况，如被动物咬、抓伤，被注射针头、手术器械扎伤，或被有毒、有害、感染性材料溅到皮肤等情况，因此，实验前进行相关培训是必须的。被大、小鼠咬伤出血，在确定动物来源可靠的前提下，可先挤出伤口处血液，再用3%过氧化氢（双氧水）棉球消毒伤口；被豚鼠、兔抓伤时，先清洗局部皮肤，再在伤处皮肤涂抹碘酊即可。在受到注射针头、手术刀等锐利的器械损伤时，如果这些锐器已接触动物组织或血液，处理方法同动物咬伤。如果未接触动物

则消毒包扎即可。

### 2.动物实验室生物安全防护

用于科学研究的实验动物，必须来源于具备实验动物生产许可证的实验动物繁育中心，其携带的微生物和寄生虫状况明确。关于动物实验室中使用的动物，需要考虑的生物安全因素：①动物的自然特性，即动物的攻击性和抓咬倾向性。②自然存在的体内外微生物与寄生虫。③易感的动物疾病。④播散过敏原的可能性。

当进行动物感染性实验时，需要考虑的因素：①正常传播途径。②使用的容量和浓度。③接种途径。④排出途径等。

因此，应根据实验的具体内容及所涉及的危险水平选择合适的动物实验生物安全实验室（ABSL）进行实验。ABSL的安全防护能确保实验者和实验室其他工作人员不受实验对象侵染及周围环境不受其污染。实验室生物安全防护的内容包括安全设备、个体防护装置和措施、实验室的特殊设计和建设要求、严格的管理制度及标准化的操作程序和规程。

## （二）实验动物的福利待遇

医学院校作为医学生接触医学的第一道大门，动物实验成为医学生学习、研究医学相关问题必不可少的组成部分，实验动物在学习研究中的重要性在现今愈发突出。实验动物对医学的发展做出了巨大的贡献，医学生对于实验动物应有敬畏和感恩之心，善待实验动物也是对医学生的基本要求。动物实验设计时要遵循"3R"原则，即减量化原则（reduce）、再利用原则（reuse）和再循环原则（recycle）。尽量减少使用动物数量并且减轻实验动物的痛苦，不进行没有必要的动物实验，任何动物实验都要有正当的理由和目的。善待实验动物，不随意使动物痛苦，尽量减少刺激强度和缩短实验时间。

实验需要对动物进行手术时，如对动物产生较大的损害，一定要使用适当的镇静、镇痛或麻醉方法，禁止不必要的重复操作。对于可能引起动物痛苦和危害的实验操作，应小心进行，不得粗暴；凡需对动物进行禁食和禁水试验的研究，只能在短时间内进行，不得危害动物的健康；对清醒的动物应进行一定的安抚，以减轻它们的恐惧和不良反应。实验外科手术中应积极落实实验动物的急救措施，对术后或需淘汰的实验动物在实验结束后应尽快实施安乐死或其他措施使其摆脱痛苦。

### 1.实验动物的处死方法

（1）较大动物的处死方法

以下几种方法适用于豚鼠、猫、兔、犬等较大或更大的动物。

1）空气栓塞法：将空气注入动物静脉，使之很快栓塞而死。当空气注入静脉后，可在右心随着心脏的搏动使空气与血液相混，致使血液呈泡沫状，随血液循环到全身。如进入肺动脉，可阻塞其分支；进入心脏冠状动脉，造成冠状动脉阻塞，发生严重的血液循环障碍，动物很快致死。一般家兔、猫等需注入20~40mL，犬需注入80~150mL。这是最常用的一种方法。

2）急性失血法：①一次性抽取大量的心脏血液，可使动物很快致死。②犬可采用股动静脉放血法。给犬静脉注射硫喷妥钠20~30mg/kg，动物麻醉后，暴露股三角区，用手术刀在股三角区做一个约 10cm 的横切口，把股动、静脉全切断，血立即喷出。用一块湿纱布不断擦去股动脉切口周围的血液和血凝块，同时不断地用自来水冲洗流血，使股动脉切口保持畅通，动物 3～5min 即死亡。

3）破坏延脑法：急性实验后，如果脑已暴露，可用器具将延髓破坏，导致动物死亡。对家兔可用木槌或手击其后脑部，损坏延脑，造成死亡。

4）开放性气胸法：将动物开胸，造成开放性气胸。这时胸膜腔的压力与大气压相等，肺因受大气压缩发生肺萎陷，动物窒息而死。

5）化学药物致死法：给动物的静脉内注入甲醛溶液，使血液内的蛋白质凝固，导致全身血液循环严重障碍和缺氧而死。成年犬静脉内需注入 10% 甲醛溶液 20mL。也可用 3% 戊巴比妥钠溶液静脉注射（1mg/kg），或 20% 氨基甲酸乙酯溶液胸腔注射（5mL/kg），再静脉注射 10% 氯化钾溶液，使动物心肌失去收缩能力，心脏急性扩张，致心脏弛缓性停搏而死亡。成年兔静脉内需注入 10% 氯化钾溶液 5～10mL，成年犬静脉内需注入 20～30mL。

（2）小动物的处死方法

以下几种方法适用于大鼠、小鼠这类小动物。

1）脊椎脱臼法：将动物的颈椎脱臼，断开脊髓使动物致死。左手拇指和食指用力向下按住鼠头，右手抓住鼠尾用力向后拉，鼠便立即死亡。这是最常用的一种方法。

2）急性大失血法：可将眼球摘除导致动物大量失血致死。

3）击打法：右手抓住鼠尾提起，用力撞击其头部，鼠痉挛后立即死亡。用小木槌击打鼠头部也可致死。

4）断头法：给小鼠断头时，可用左手拇指和食指夹住小鼠的肩胛部，固定。右手拿剪刀迅速将头剪断。给大鼠断头时，实验者应戴上棉纱手套，用右手握住大鼠头部，左手握住背部露出颈部，助手用剪刀在鼠颈部将鼠头剪掉。

5）可将浸有乙醚或氯仿的棉球连同小动物一起密封于玻璃容器内麻醉。

（3）蛙类的处死方法

常用金属探针插入枕骨大孔，破坏脑脊髓。左手用湿布将蛙包住露出头部，并且用食指按压其头部前端，拇指按压背部，使头前俯，右手持探针由头前端沿中线向尾方刺入，触及凹陷处即为枕骨大孔所在处。进入枕骨大孔后将探针尖端转向头方，向前探入颅腔，然后向各方搅动，以捣毁脑组织。脑组织捣毁后，将探针退出，再由枕骨大孔刺入，转向尾方，与脊柱平行刺入椎管，以破坏脊髓。待蛙的四肢肌肉完全松弛后拔出探针，用干棉球将针孔堵住，以防止其出血。

**2. 实验废弃物和动物尸体的处理**

（1）利器（包括针头、小刀、金属和玻璃等）

应直接弃置于设置有国际通用黑底黄色的生物危害标志的耐扎容器（专用利器盒）内。集中送至具有资质的相关部门处理。

（2）血液和体液标本的处理

用于病原微生物、病原分离培养物生化指标等检查的血液和体液，按照要求进行处理并检测。检测后的标本经 121℃高温、30min 高压灭菌处理。

（3）动物脏器组织的处理

动物器官组织，特别是用于病原微生物分离的组织应按照标准程序处理。用于病理切片的组织，须经过甲醛固定后进行切片。剩余的组织经 121℃高温、30min 高压灭菌处理。

（4）动物尸体的处理

实验完的动物尸体，取材后，暂时以专用塑料袋包装，于专用冰柜中冷冻，集中送至具有资质的相关部门处理。

# 第四节  常用手术器械与使用方法

## 一、手术剪

手术剪（图 1-25，A）主要用于剪切敷料、人体表皮组织或软组织。在机能学实验中常用于剪开皮肤、皮下组织和骨骼肌，还可利用剪刀的尖端插入组织间隙撑开、分离疏松组织。

正确持手术剪的方法为拇指和第四指分别插入剪刀柄的两环，中指放在第四指环的剪刀柄上，食指压在轴节处起稳定和向导作用，有利操作（图 1-25，B）。

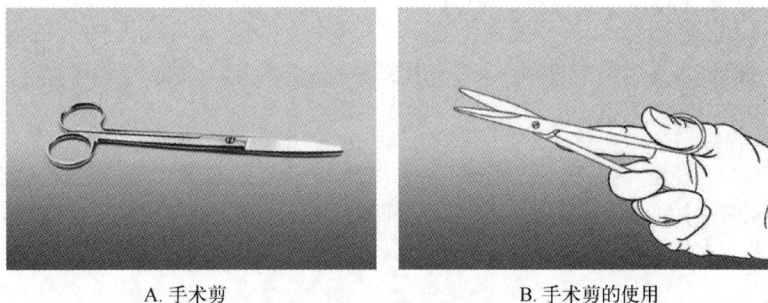

A. 手术剪            B. 手术剪的使用

图1-25  手术剪及其使用

## 二、弯剪

弯剪即弯圆剪（图 1-26），在生理学实验中常用于剪去动物术野被毛，使用时注意剪刀方向应与动物皮肤方向一致。

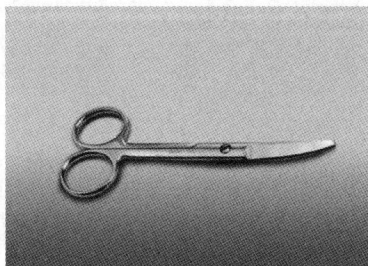

图1-26  弯剪

§§§

§§§

### 三、眼科剪

眼科剪又称眼科手术剪、眼用手术剪，是剪切眼部软组织用的器械（图1-27）。在生理学实验中常用于剪神经、血管、包膜等组织，如剪破血管、胆管、输尿管等以便插管。禁止用眼科剪剪切皮肤、肌肉、骨组织。

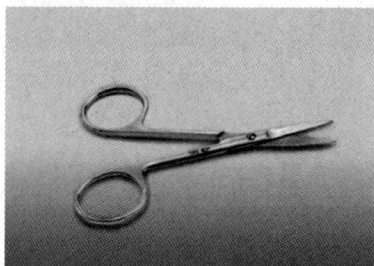

图1-27　眼科剪

### 四、手术刀

主要用于切开皮肤和脏器。不要随意用它切其他软组织，以减少出血，注意刀刃不要碰及其他坚硬物质，用后单独存放，保持清洁干燥。刀片的安装、拆卸方法：右手用持针器夹住刀片前端背部，左手握住刀柄，将刀片上的空隙对准刀柄上的金属卡扣稍用力推入即可。拆卸时，用持针器夹持刀片尾端背部，稍用力提起刀片向前推即可。手术刀的使用方式有4种（图1-28）。

1. 执弓式

执弓式为最常用的一种执刀方式，动作范围广而灵活，用于腹部、颈部或股部的皮肤切口。

2. 执笔式

执笔式用于切割短小的切口，用力轻柔而操作精确，如解剖血管、神经或行腹膜小切口等。

3. 握持式

握持式用于切割范围较广和用力较大的切口，如截肢、切开较长的皮肤等。

4. 反挑式

反挑式用于向上挑开，以免损伤深部组织，如挑开脓肿等。

### 五、组织镊

镊子的尖端有齿，主要用于夹住或提起较为坚韧的组织，如皮肤、筋膜、肌腱等，以便于剥离、剪断或者缝合。组织镊夹持牢固，但对组织有一定损伤。

组织镊的使用方法是用拇指对食指与中指，执二镊脚中上部（图1-29）。

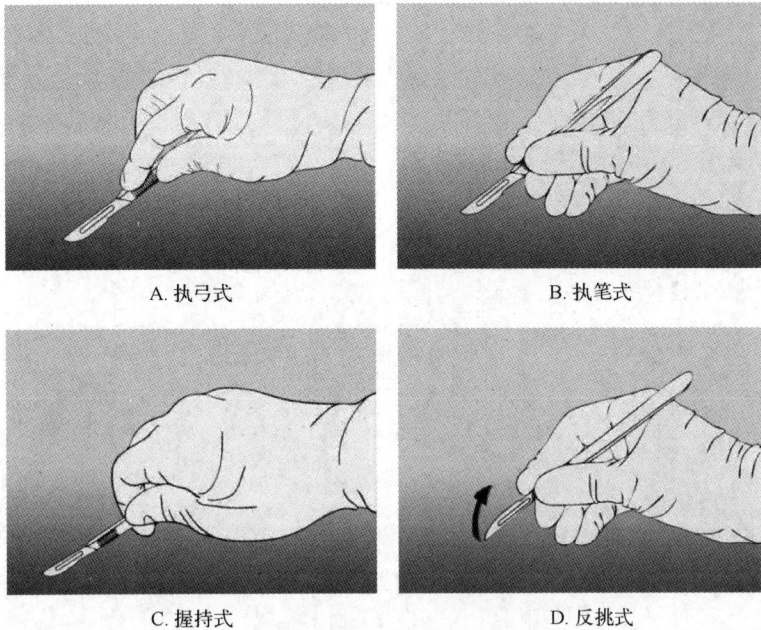

A. 执弓式        B. 执笔式

C. 握持式        D. 反挑式

图1-28 手术刀的使用

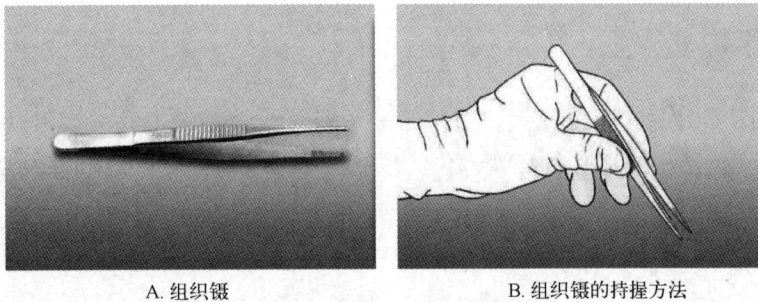

A. 组织镊        B. 组织镊的持握方法

图1-29 组织镊及其持握方法

## 六、止血钳

止血钳（图1-30）主要用于止血和钝性分离组织，根据不同操作部位选用不同类型的止血钳，有大小、有齿无齿、直形弯形之分。持止血钳的方法与手术剪相同，放开血管钳的手法：利用右手已套入止血钳环口的拇指与无名指相对挤压，继而以旋开的动作放开止血钳。

1. 直止血钳和无齿止血钳用于手术部位的浅部止血和组织分离，有齿止血钳主要用于强韧组织的止血、提拉切口处的部分等。

2. 弯止血钳用于手术深部组织或内脏的止血，有齿止血钳不宜夹持血管、神经等组织。

3. 蚊式止血钳较细小，适于分离小血管及神经周围的结缔组织，用于小血管的止血，不适宜夹持大块或较硬的组织。

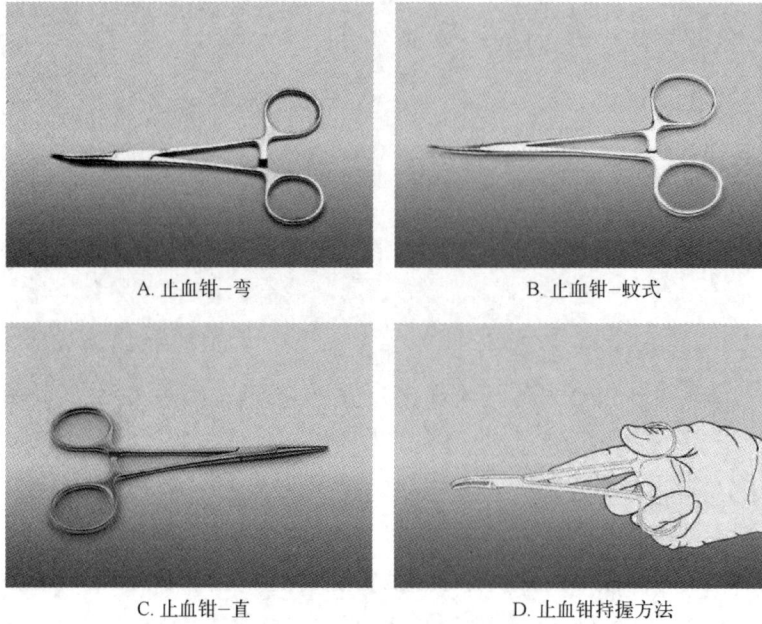

A. 止血钳-弯　　　　　　　　　　B. 止血钳-蚊式

C. 止血钳-直　　　　　　　　　　D. 止血钳持握方法

图1-30　止血钳的类型和持握方法

## 七、组织钳

组织钳（图1-31）又叫鼠齿钳。对组织的压榨较血管钳轻，故一般用以夹持软组织，不易滑脱，如夹持牵引被切除的病变部位，以利于手术进行，钳夹纱布垫与切口边缘的皮下组织，避免切口内组织被污染。

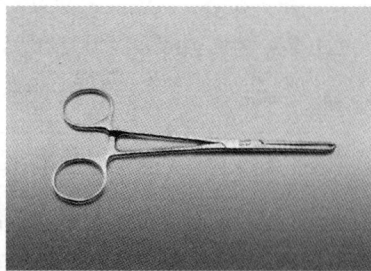

图1-31　组织钳

## 八、气管插管

做动物急性实验时为保证呼吸道顺畅，可在气管切开后直接插入气管，也可在开胸实验时接呼吸机用。实验中因不同动物种类及动物的大小不同而选用粗细、长短不同的气管插管（图1-32）。

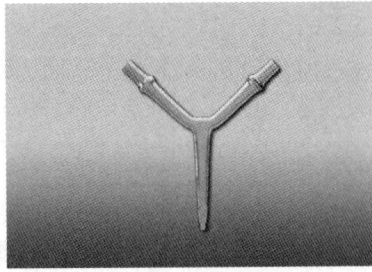

图1-32 气管插管

## 九、玻璃分针

玻璃分针（图1-33）用于分离神经与血管等组织，有直头与弯头，尖端圆滑。用时应沾少许生理盐水。

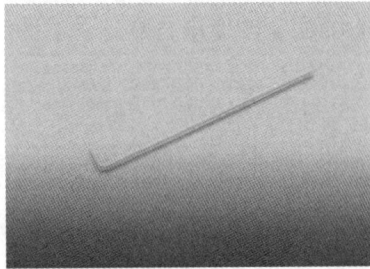

图1-33 玻璃分针

## 十、动脉夹

动脉夹（图1-34）主要用于暂时夹闭阻断血管血流，固定头皮输液针等。动脉夹有大、中、小之分，可用于不同的动物。

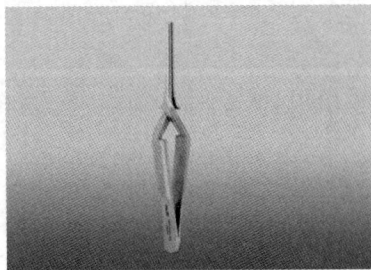

图1-34 动脉夹

# 第五节　常见手术方法

## 一、基本操作技术

### （一）皮肤切开

切开皮肤时，先绷紧皮肤，将刀刃与皮肤垂直，用力要得当，将皮肤及皮下组织切开。切开时，要按解剖层次逐层切开，注意止血，避免损伤深层的组织器官。

### （二）止血

止血是手术中的重要环节，直接影响手术部位的显露和操作，且关系到术后动物的安全，切口愈合的好坏及是否造成并发症等，故术中止血必须准确、迅速、可靠。常见的止血方法如下。

#### 1. 预防性止血

术前 1～2h 使用可提高血液凝固性的药物，如 10% 氯化钙溶液、10% 氯化钠溶液等，以减少术中出血。另外，局部麻醉时，可加用肾上腺素（1000mL 普鲁卡因溶液中加入 0.1% 肾上腺素 2mL），利用其收缩血管的作用，减少手术部位的出血。

#### 2. 术中止血

（1）压迫止血

用无菌纱布或拧干的温热盐水纱布压迫片刻，注意切勿用纱布擦拭出血部位，以减少组织损伤。

（2）钳夹止血

用止血钳与血流方向垂直夹住血管断端，一段时间后取下。

（3）结扎止血

常用于压迫无效或较大血管的出血。出血点用纱布压迫蘸吸后，用止血钳逐个夹住血管断端，应尽量少夹周围组织，再用丝线结扎止血。注意结扎时，先竖起止血钳，将结扎线绕过钳夹点之下，再将钳放平后钳尖稍翘起，打第 1 个结时边扎紧边轻轻松开止血钳，再打第 2 个结。

（4）烧烙止血

以烧热的烙铁烧烙血管断端，使血液和组织凝固、止血。

（5）药物止血

当内脏出血时，可用纱布吸净积血后，将止血粉、云南白药或凝血酶等药物涂撒于创面，稍压 5～10s 即可。

### （三）组织分离法

#### 1. 锐性分离法

锐性分离法用刀、剪等锐性器械做直接切割，该法用于皮肤、黏膜、各种组织的精细解剖和紧密粘连的分离。

### 2.钝性分离法

钝性分离法用刀柄、止血钳、剥离器或手指等分离肌肉、筋膜间隙的疏松结缔组织的方法。软组织分离要求按解剖层次逐层分离，保持视野干净、清楚，原则上以钝性分离为主，必要时也可使用手术刀和手术剪。

（1）结缔组织的分离

用止血钳插入结缔组织并撑开，做钝性分离。对薄层筋膜，确认没有血管时可使用刀、剪。对厚层筋膜，因内含血管不易透见，不要轻易使用刀、剪。使用止血钳做钝性分离时，应慢慢地分层，由浅入深，避开血管，若需用锐器，应事先用两把止血钳做双重钳夹，再在两钳之间剪断。

（2）肌肉组织的分离

应在整块肌肉与其他组织之间、一块肌肉与另一块肌肉分界处，顺肌纤维方向做钝性分离，肌肉组织内含小血管。若需切断，应事先用血管钳做双重钳夹，结扎后才可剪断。

（3）血管神经的分离

顺其直行方向，用玻璃分针小心分离，切忌横向拉扯。

## （四）缝合法

缝合法主要有单纯缝合、内翻缝合和外翻缝合三种类型，上述三种缝合又可分为间断缝合和连续缝合。间断缝合中最常用的基本形式是结节缝合，用于皮肤、肌肉、筋膜等张力大的组织缝合。结节缝合中的一种特殊形式是减张缝合，用于缝合皮肤，可与普通结节缝合并用，其特点是缝线的进出孔距创缘较远（2～4cm），或在打结前装上纱布圆枕，以减少组织张力，防止组织被缝线撕裂。

需注意的是，缝合前应彻底止血，并清除腔内异物、凝血块及坏死组织。缝针的入孔和出孔要对称，距创缘0.5～1cm。缝线松紧适宜，打结最好集中于创缘的同一侧，必要时考虑做减张缝合和留排液孔。缝合时须遵守无菌常规。外部创口缝线经一定时间后（术后7～14天），均需拆除。创口化脓时，根据需要拆除全部或部分缝线。拆线前，在缝合处，尤其在缝织处和针孔上，需用碘酊和乙醇消毒。

## 二、颈部手术

动物实验中以家兔为实验对象的较多，故下面以家兔为例进行介绍。

## （一）颈部切开及气管插管术

将麻醉兔仰卧位固定在兔台上，剪去颈部的毛，在其颈中线从甲状软骨下到胸骨上缘作长度为5～8cm的切口。用止血钳纵向钝性分离皮下组织，可见胸骨舌骨肌；沿左、右两侧胸骨舌骨肌肌间隙分离骨骼肌，并将两条肌束向两侧外牵拉，充分暴露气管；用止血钳将气管与背侧结缔组织和食管分离，游离气管，气管下穿线备用。用手术剪于甲状软骨下第 3～4 软骨环处作一横切口，再向头端作一纵行切口，使之呈倒 "T" 形，切口不宜过大或过小。将气管插管从切口进入，用备用的线结扎导管，并固定在气管插管分叉处，以防导管滑脱。如气管内有出血或分泌物，可用棉签由切口处伸入气管插管，并向胸腔方向行进至气管腔内，将其擦净。如仍有出血，可用棉签蘸少许 0.1% 去甲肾上腺素，同上法进入气管，涂抹气管内壁以止血。

### （二）颈外静脉的分离及静脉插管

用组织镊或止血钳轻轻提起气管两侧的皮肤，从甲状软骨下沿颈正中线切开颈部皮肤约 1cm，用止血钳分别向上、向下钝性分离皮下组织，再用手术剪剪开皮肤，向下做切口直到胸骨上缘，切口长度为 5～7cm。轻轻提起皮肤，用手指从皮肤外将皮肤外翻，即可见到颈外静脉。沿血管走向用止血钳钝性分离浅筋膜，暴露血管 3～5cm 并穿两根线备用。用动脉夹夹闭血管近心端，待血管充盈后再结扎远心端，于结扎线前用眼科剪与血管呈 45° 做一 "V" 形切口，剪开血管管径的 1/3～1/2，用玻璃分针或眼科镊插入血管内挑起血管；将已经准备就绪的静脉导管插入 2～3cm，用备用线结扎导管并固定在导管的胶布上，以防滑脱，最后取下动脉夹。

### （三）分离颈总动脉和神经

在气管的一侧用拇指和食指将皮肤和骨骼肌提起并外翻，同时用另外三指在皮肤外向上顶，便可看见与气管平行的颈动脉鞘。用浸润了 0.9% 氯化钠注射液的棉球顺血管走向拭去血液后分离鞘膜，观察与其伴行的神经。迷走神经最粗且明亮，交感神经次之，光泽较暗、最细的是减压神经（从迷走神经节上分出的一支心脏抑制支，为兔所独有）。减压神经位于迷走神经和交感神经之间，常与交感神经紧贴在一起，其位置变异较大，应仔细辨清后用玻璃分针小心将其分离出，并在下面穿一根经生理盐水浸润的丝线备用。用同样方法将交感神经、迷走神经分离出 1～2cm，穿线备用。再游离出一段颈总动脉，穿线备用。分离神经与血管时，应遵循先细后粗、先神经后血管的原则。

### （四）颈总动脉插管

#### 1. 术前准备

选择合适的动脉插管，将血压换能器及动脉插管内充满抗凝剂（肝素加生理盐水注射液），并排净空气。

#### 2. 动脉插管

将分离好的颈总动脉远心端结扎，近心端用动脉夹夹闭。在结扎处用左手拇指和中指拉住结扎线头，食指从血管背后将血管轻轻托起，右手持眼科剪做一 "V" 形切口，剪开血管直径的 1/3。将已备好的动脉插管从切口处沿心脏方向插入合适的长度，打双结结扎，再固定于导管的胶布上，松开动脉夹可见导管内液体随心搏而搏动。如渗血说明结扎不紧，应重新结扎或加固。

### 3. 对术中可能会出现的意外做适当的处理

（1）血管破裂

常因操作不当造成导管刺破血管壁，或因家兔挣扎将血管拉断等。应检查破口的位置，将导管继续送入血管并超过破口处，在破口近心端再结扎并固定。如血管已断，则应立即用盐水纱布或棉球压迫止血，放开棉球并看清出血处，将断端的血管结扎，避免动物大出血。然后根据情况完成实验操作。

（2）导管内凝血

如是小凝血块，可从换能器推入肝素溶液冲开凝血块后继续实验。如凝血块反复阻住导管口或凝血块太大，应将导管拔出，将凝血块排出后重新插管。

## （五）左心室插管

选择合适的左心室插管，其他术前准备同颈总动脉插管。打开计算机，启动生物信号采集与处理系统，选择实验项目中"血压调节或血流动力学"，进入实验监视状态。

将插管前端约12cm涂抹液状石蜡以减少摩擦，按颈总动脉插管的方法从右颈总动脉插入血管后，放开动脉夹，此时可在生物信号显示屏上看到动脉血压的波形。继续插入，当接近主动脉瓣时可感到脉搏样搏动，放开导管也可看到导管随心搏而搏动。此时将导管再向前推进至搏动消失，生物信号显示屏上看到动脉血压的波形被左心室压代替，表示已进入左心室，结扎血管并固定。

需注意：①麻醉应适度，过深易造成动物死亡，过浅则动物躁动影响插管。②导管内应充满肝素溶液，防止导管内凝血。③插入动作要轻柔，遇到阻力时稍退后并改变导管方向重插。④固定好导管，既不能让导管退出心室，也要避免导管口顶住心室壁或在心室内弯曲过度，甚至刺破心脏造成实验失败。

# 三、胸部手术

有些实验需打开胸腔，为保证呼吸正常，必须用呼吸机。麻醉后固定好动物，做气管插管，调试好呼吸机，将呼吸机的进出管与气管插管的两侧管接好即可。

## （一）夹闭后腔静脉

去除右侧胸壁手术野的毛发，沿胸骨右缘做6～7cm的长切口，钝性分离骨骼肌，暴露第7～9肋骨。用长止血钳从第9～10肋间隙垂直插入胸腔，然后调转方向，从第6～7肋间隙穿出并夹紧。再如上法平行夹上另一把长止血钳，用普通剪刀于两止血钳之间剪断第7～9肋骨。将两钳向两侧拉开，暴露心脏，于其背部下方找到后腔静脉，用套上胶管保护的蚊式止血钳或动脉夹将后腔静脉的大部分或全部夹闭。

## （二）夹闭冠状动脉分支

开胸方法同前，但应在左侧靠近胸骨缘做切口，或在胸骨体上做切口（此法不破坏胸腔膜）。开胸后暴露心脏，用眼科镊夹起心包，并用眼科剪剪开。借助于手术无影灯的光，看清兔心冠状动脉前降支和左心室支，用蚊式止血钳将其夹闭，也可用缝针穿线结扎血管。这样可造成心肌梗死，通过心电图了解梗死情况。

## 四、腹部手术

腹部手术多用于输尿管插管和肠系膜微循环观察等。膀胱插管、输尿管插管和尿道插管都用于收集尿液。它们各有特点，用于不同的动物和不同的实验，以下分别介绍。

### （一）膀胱插管

将动物麻醉后仰卧位固定，剪去耻骨联合以上下腹部的被毛，于耻骨联合上缘 0.5cm 处沿正中线做皮肤切口，长度为 3～5cm，即可看见腹白线，沿腹白线切开或用止血钳或镊子在腹白线两侧夹住骨骼肌轻轻提起，用手术剪剪开一小口。然后，左手示指和中指从小口伸入腹腔并分开，右手用手术剪在两指间向上、向下剪开腹壁，长度为 3～4cm。此时，如膀胱充盈则极好辨认，如膀胱空虚则可根据解剖位置和形状找到。轻轻将膀胱移出腹腔，在膀胱顶部血管少的地方做一小横切口，将准备好的膀胱插管插入膀胱，尽量使漏斗状的插管口对准输尿管的开口。然后，在膀胱外于漏斗状的缩小处结扎稳妥，并将膀胱插管的另一端接到计滴器上。

### （二）输尿管插管

输尿管插管也是收集尿液的常用方法之一。按膀胱插管的手术步骤找到膀胱，用手轻轻将膀胱拉出腹腔（也可用镊子夹住膀胱顶将其向前、向下翻移出腹腔），于膀胱底部膀胱三角的两侧找到输尿管。如周围脂肪太多，可用手触摸到输尿管后，再用玻璃分针仔细分离出一段输尿管并穿线备用。用左手小指托起输尿管，右手持眼科剪与输尿管呈锐角做一"V"形切口，剪开输尿管的壁，将已经充满液体的输尿管插管向肾脏方向插入并结扎固定。需注意的是：①准确找到输尿管，要记清解剖位置和毗邻关系，切勿将输精（卵）管、血管误当输尿管。②手术操作应轻柔、快捷，准确无误地将输尿管插管插入输尿管管腔。③注意保持输尿管通畅，避免输尿管扭曲，如有出血现象，为防止凝血块阻塞输尿管插管，可向内注入少量肝素溶液。④术后用温热盐水纱布覆盖切口，以避免损伤性尿闭的发生。

### （三）尿道插管

尿道插管是收集尿液最简单的方法，可用于反映较长一段时间尿量变化的实验。雄兔比雌兔更容易操作。先选择合适的导尿管，在其头端约 12cm 长度涂上液体石蜡，以减小摩擦。在兔尿道口滴几滴丁卡因（地卡因）进行表面麻醉，然后将导尿管从尿道口插入，见尿后再进一点，用线或胶布固定导尿管。中途若发现无尿流出，可将导尿管改变方向，或向外、向内进退一点以保证尿流通畅。

## （四）肠系膜微循环标本的制备

在左侧腹部腋前线处作长度约 6cm 的纵切口，钝性分离腹肌，打开腹腔将大网膜推开，找出一段游离度较大的小肠襻，轻轻拉开放进装有 38℃生理盐水注射液的微循环恒温灌流盒内。将肠系膜平铺在凸形的有机玻璃观察台上，压上固定板，注意不要压住小肠。整个过程应动作轻柔，以免造成创伤性休克，尽量防止损伤血管，减少出血，有利于对微循环的观察。

## 五、股部手术

分离股动、静脉并插管，主要用于放血、输血和输液等。常规麻醉、固定，做颈部手术行气管插管。剪去股部皮肤上的被毛，在腹股沟部用手指触摸到股动脉搏动，沿动脉走向作长度为 3～5cm 的皮肤切口。因股三角处皮下组织较薄，切开皮肤即可看见由外向内排列的股神经、股动脉、股静脉。股动脉虽居中，但因位置靠背侧，常被股神经、股静脉部分掩盖，需将股静脉稍向内移，将其分离出来，再分离股动脉就容易了。插管方法同颈部血管插管。

需注意的是，股动脉、股静脉本身较细，手术刺激又容易引起血管痉挛，可局部滴入普鲁卡因缓解。

## 六、开颅手术

常规麻醉、固定，做颈部手术行气管插管，将动物改为俯卧位固定，再行头部手术。剪去颅顶兔毛，沿矢状线在两眉间至枕部切开皮肤，用手术刀柄钝性剥离头部骨骼肌和帽状腱膜，暴露颅骨。用颅骨钻在颅顶一侧钻一小圆孔，然后根据需要用咬骨钳扩大创口，如有出血可用骨蜡止血。手术中应避免伤及矢状窦和横窦。

## 七、各种离体器官、组织制备方法

### （一）离体气管制备法

离体气管法是筛选平喘药的常用实验方法之一。实验动物中，豚鼠气管对药物反应敏感，且更接近于人的气管，故为常用标本。

离体气管法常用的有气管片、气管环、气管连环、气管螺旋条和离体完整气管法。这几种方法基本相近，主要区别在于取下气管后，切或不切（即用切开的或完整的气管条），切的方法及连接方式不同。另外，由于描记手段的更新，原来的杠杆 - 记纹鼓描记现已被换能器 - 记录仪装置描记取代，大大提高了灵敏度。下面将主要介绍气管片和气管螺旋条的制作方法。

#### 1. 离体气管片（附成对气管片）

（1）操作步骤

取豚鼠 1 只，200～400g，雌雄均可。击毙，立即腹面正中切开颈部皮肤和皮下组织，分离气管，自甲状软骨下剪取全部气管，放入盛有克 - 亨氏（Krebs-Henseleit）液的平皿中，剪除周围结缔组织，在气管的腹面（软骨环面）纵行切开，再以第 2～3 个软骨环的间隔行横切，将取下的气管平分为 2～4 段，每段气管片在其纵切口处用针线缝上，相互连成一串，即成气管片标本。

在气管片下端穿一短线固定于玻璃支架上，上端穿一较长线，以备连至张力换能器进行描记，将固定好的气管片放入盛有克 - 亨氏液的离体器官浴槽中固定，37℃恒温，供氧，稳定 20～30 min 后描记。待基线稳定后给药，观察并记录。每加一种药物接触 5min，观察反应，然后换液，待其基线恢复后再给另一药液。

（2）注意事项

①分离气管及缝合气管片串时，要快、轻巧，切勿用镊子夹伤气管平滑肌。②供氧要充分，如基线升高不易恢复到原来水平时，可充分供氧，促使其恢复。

**2. 气管螺旋条**

该方法简便，可避免气管片、气管环等反应幅度小的缺陷，适用于支气管平滑肌收缩和松弛剂的研究。

操作步骤：取豚鼠（雄鼠为好）1 只，200～400g，击毙，立即腹面正中切开颈部皮肤和皮下组织，分离气管，自甲状软骨下剪取全部气管，放入盛有克 - 亨氏液的平皿中。剥离外周组织后，将气管由一端向另一端螺旋形剪成条状，每 2～3 个软骨环剪一个螺旋。

剪成的整个螺旋长条，可作为一标本，也可以用半段螺旋条作为一标本，将气管螺旋条连于描记装置。描记时必须加大负荷至 2～5g，如负荷太轻会影响结果的准确性。标本固定于浴槽 1h 左右（换液 3～4 次），给药，每次用药间隔 15min，该标本对乙酰胆碱的敏感性较组胺大，乙酰胆碱的最低反应含量为 $10^{-7}g/mL$，而组胺是 $10^{-6}g/mL$。

## （二）离体心脏制备法

离体动物心脏给予适宜的、恒定的灌流液，可在一定时间内保持自发节律的舒缩活动。

离体心脏实验最常用的是 Straub 法，主要观察药物对心脏收缩力、传导与心排血量的直接影响。通过张力换能器记录心脏舒缩活动，依据心搏曲线的变化，分析心脏活动的程度。曲线的疏密，表示心搏频率；曲线的振幅，表示心舒缩程度的强弱；曲线的顶点水平，表示心脏收缩的程度；曲线的基线，表示心室舒张的程度。以下介绍 Staub 法离体心脏实验。

实验动物常采用两栖动物青蛙、蟾蜍和牛蛙等的离体心脏。

操作步骤：取蟾蜍 1 只，用毁髓针从枕骨大孔插入破坏脊髓后，仰卧位固定于蛙板上。依次剪开胸前区皮肤，剪去胸骨，开胸暴露心脏。开胸不可太大，以免腹腔内脏翻出。用镊子提起心包膜，再用眼科剪谨慎地剪破，使心脏完全暴露出来。结扎右主动脉，在左主动脉弓下穿一细线，打一松结备用。用镊子轻夹左主动脉，以眼科剪朝向心端剪一 "V" 形切口，右手将盛有任氏液的蛙心插管从剪口处插入主动脉，使插管长轴与心脏轴一致，当插管进入主动脉球部后，即转向左后方，左手用镊子轻提房室沟周围的组织，右手小指或环指轻推心室，使插管进入心室，切忌用力过大和插管过深，心脏收缩时可见血液在插管内上下移动。用滴管吸去蛙心插管内的血液，以任氏液冲洗1~2次，然后扎紧松结，剪断左、右主动脉弓，轻轻提起蛙心插管，再在心脏背面静脉窦与前后腔静脉之间用线结扎，结扎时务必注意勿扎及静脉窦，结扎后剪断血管，使心脏与蛙体分离。

以滴管吸取任氏液换去蛙心插管内的血液数次，直到灌流液无色为止。然后将蛙心插管固定在铁支架上，用一端带有长线的蛙心夹夹住心尖，连在张力换能器上。调整心脏和换能器的位置，并使蛙心尖的连线保持垂直。待心脏活动稳定，描记一段正常的心脏活动曲线后，即可用胶头滴管将药液滴入插管中，记录收缩幅度变化和心率变化。

### （三）离体子宫实验法

常用大鼠，宜选择断乳后即与雄鼠隔笼饲养的健康雌鼠，150~250g，鼠龄不大于3个月。用阴道涂片法选择动情前期动物供实验用，也可在实验前1~2天，皮下注射二丙酸己烯雌酚 0.1mg/（kg·d），人工造成动情期，提高子宫的敏感性。

#### 1. 操作步骤

颈椎脱臼法处死大鼠，剖腹取出子宫，立即置于盛有洛氏液的玻璃平皿中，轻柔剥离附着于子宫壁上的结缔组织和脂肪组织。经典的方法为：取一侧子宫角，两端分别用线结扎，将一端固定于营养管中的支架上，另一端通过结扎线缚在描记用的张力换能器的应变片上。工作温度通常保持在37℃，在营养液中连续通入 95%$O_2$+5%$CO_2$ 的混合气体。为了保证处理前子宫活动保持比较稳定的状态，必须对子宫施加一定负荷，一般以1g比较适宜。

#### 2. 注意事项

①本方法不仅可定性，还可用于子宫药物的定量。②多次给药实验，每次加药的观察时间、更换新鲜营养液的次数和用量、两次加药的间隔时间均应尽可能保持一致。③制作标本的操作过程应避免过度用力牵拉，以免损伤子宫组织。④子宫离体后宜迅速置于充氧营养液的玻璃平皿内，洗净血渍，标本操作时间越短越好。

### （四）离体小肠平滑肌实验

消化道平滑肌除具有与骨骼肌相同的某些特征（如兴奋性、收缩性）外，还具有自身的基本特性，即自动有规律的收缩活动，对某些化学物质具有特殊敏感性，离体肠段仍然具有自动节律性。

实验动物常采用家兔。

#### 1. 操作步骤

（1）离体肠管实验装置：实验管中加固定量的台氏液，调节恒温水浴的温度，使实验管内温度稳定在（37+0.5）℃。通气管接通 95%$O_2$+5%$CO_2$ 混合气体的管道。调节气体管道的气体流量，调节至实验管中气泡一个个逸出为止（1~2个/s为宜）。

（2）张力换能器：固定于铁支柱上，换能器输出线接 BL-422I 集成化生物信号采集与处理系统，启动后点击菜单"实验项目"，选择"消化实验"→"消化道平滑肌的生理特性"实验项，即可开始实验。

（3）离体肠肌标本制备：取禁食24h家兔1只，用木槌击其头部致昏死，立即剖腹。找出胃幽门与十二指肠交界处，分离长20～30cm的肠管，剪去与肠管相连的肠系膜，在两端分别用线结扎，并分别于两端结扎处中间剪断肠管，拉起两端结扎线将肠管取出，置于台氏液中轻轻漂洗，待其洗净肠内容物后，再将肠管分段结扎，两端各系一条线，每段长2～3cm，剪断，保存于供氧的、盛有台氏液的培养皿（35℃左右）中备用。注意操作时勿牵拉肠段，以免影响收缩功能。

（4）取一小段肠管，一端连线系于实验管固定钩上，然后放入37℃的恒温水槽中。再将肠管的另一端系在张力换能器的应变片上，调节肌张力至2～3g，待肠管活动描记出收缩曲线，稳定后即可进行各实验项目。

**2. 注意事项**

①每次更换台氏液前要先将其在槽外加热至38℃左右。②每项实验出现作用后，要及时更换台氏液。③滴加药液时要有一定深度。

## 八、蟾蜍或蛙神经-骨骼肌标本的制备

蛙或蟾蜍等两栖类动物的一些基本生命活动和生理功能与恒温动物类似，但其体外组织所需的条件较简单，易于控制和掌握。在任氏液的浸润下，神经-骨骼肌标本可用于进行较长时间的实验观察。此外，其体外神经-骨骼肌标本体现活组织的某些共同功能特性较为理想。因此，在生理实验中，常用蛙或蟾蜍坐骨神经-腓肠肌标本来观察研究神经-骨骼肌的兴奋性、刺激与反应的规律，以及骨骼肌收缩的特点。本实验是掌握制备坐骨神经-腓肠肌标本的基本操作技术，为进行神经-骨骼肌实验打下基础。

动物常用蛙或蟾蜍。

**1. 实验步骤**

（1）破坏脑脊髓

取蟾蜍1只，用水冲洗干净后用纱布包裹全身，仅露头部。以左手环指和小指夹住蟾蜍的后肢，中指抵住蟾蜍的前肢，拇指抵住背，食指抵住头并使其向下弯曲，右手持脊髓破坏针从枕骨大孔垂直刺入，向前刺入颅腔，左右搅动捣毁脑组织，然后将脊髓破坏针退至皮下，倒转针尖向下刺入椎管捣毁脊髓，直至动物四肢松软。

（2）剪除躯干上部及内脏并剥去皮肤

用粗剪刀在骶髂关节水平以上0.5～1cm处剪脊柱，左手握住蟾蜍后肢，用拇指压住骶骨，使蟾蜍头自然下垂。去掉内脏及其头、胸部，保留脊柱、后肢和坐骨神经。左手握脊柱断端，右手向下剥离全部后肢皮肤，剥皮后的标本放在玻璃板上。将手和手术器械冲洗干净。

（3）游离坐骨神经

用粗剪刀沿脊柱正中将耻骨联合剪开成两半（注意勿伤及神经）浸于盛有任氏液的烧杯中。取一条腿放于玻璃板上，在坐骨神经起始端的脊柱处用玻璃分针轻轻游离坐骨神

经，用丝线结扎，靠近脊柱端剪断，继续分离神经至大腿根部，在坐骨神经沟内找出坐骨神经，并沿神经分离两侧骨骼肌，剪断沿途分支直到腘窝处。在膝关节周围剪去全部大腿骨骼肌，将股骨刮干净，在股骨近膝关节1cm处剪断股骨。用线结扎跟腱后剪断腓肠肌肌腱，游离腓肠肌至膝关节处，在膝关节以下将小腿其余部分剪去，即制成坐骨神经 - 腓肠肌标本。

（4）用锌铜弓检查标本

做好的标本用锌铜弓的两极轻轻接触坐骨神经，如腓肠肌立即收缩，表示标本的兴奋性良好，将标本放入任氏液中，待其兴奋性稳定后再进行实验。

### 2. 注意事项

①已剥离的组织应避免接触蟾蜍皮肤毒液或其他不洁物。②分离神经时一定要用玻璃分针，不能随便用刀、剪等金属器械接触或夹持神经及骨骼肌，不要过分牵拉神经，以免造成损伤。③制备标本过程中，注意滴加任氏液，以防标本干燥。

# 第二章

# 神经和骨骼肌实验

▲▲▲▲▲▲▲

## 实验1　刺激强度与骨骼肌收缩的关系

### 【实验目的】

1. 掌握神经-肌肉实验的电刺激方法及肌肉收缩的记录方法。
2. 观察不同强度的电刺激对骨骼肌收缩形式的影响。
3. 掌握单收缩、不完全强直收缩、完全强直收缩的概念和产生机制。

### 【实验原理】

器官、组织或细胞受到刺激时，由相对静止转变为活动或由活动弱变为活动强的过程或反应形式，称为兴奋（excitation）。组织或细胞接受刺激后可以发生反应的能力或特性，称为兴奋性（excitability）。

神经细胞和肌细胞都属于可兴奋细胞。运动神经的兴奋可引起其支配的骨骼肌细胞的兴奋和收缩。由一根运动神经纤维及其所支配的骨骼肌细胞组成的功能单位称为运动单位（motor unit）。它对刺激的反应具有"全或无"的性质。而坐骨神经 - 腓肠肌标本是由许多运动单位构成的。在保持刺激时间足够长的情况下，如施加的刺激强度过小，则不会引起肌肉的收缩反应。而当刺激强度增加到某一临界值时，将引起少数兴奋性较高的神经纤维兴奋，从而引起它们所支配的骨骼肌细胞收缩，记录到较低的肌肉收缩波形，此临界刺激强度即为阈强度（threshold intensity），该刺激称为阈刺激（threshold stimulus）。

继续增加刺激强度，兴奋的运动单位数量增多，肌肉的收缩幅度也不断增加。此时的刺激均称为阈上刺激（supraliminal stimulus）。当刺激强度增加到使全部运动单位兴奋时，肌肉收缩幅度达到最大。此时即使再增加刺激强度，肌肉收缩的幅度也不会再增加。一般把引起神经或肌肉出现最大反应的最小刺激强度称为最适刺激强度，该刺激称为最大刺激或最适刺激（the adequate stimulus）。

## 【实验对象】

蟾蜍属两栖纲、无尾目动物。其心脏、骨骼肌和神经在离体时，维持正常功能所需的条件很低，在一般实验室条件下容易达到，常用于神经生理、肌肉生理实验。

## 【实验器材与药品】

实验器材：BL-422I集成化生物信号采集与分析系统、张力换能器、保护电极、蛙类手术器械（蛙板、玻璃板、普通剪刀、手术剪、组织镊、金属探针、玻璃分针、蛙足钉、丝线、滴管）。

实验试剂：任氏液。

## 【实验步骤】

### 1. 实验设置

进入生物机能实验系统软件，点击"实验模块"→"神经肌肉实验"→"刺激强度与反应的关系"实验项。

### 2. 坐骨神经-腓肠肌标本的制备（在体标本制备）

（1）破坏脑和脊髓

一手持蟾蜍，一手持金属探针在蟾蜍枕骨大孔凹陷处刺入椎管，向上插入颅腔并左右搅动，以彻底捣毁大脑中枢神经系统；然后将金属探针退至枕骨大孔皮下，将针尖朝下插入椎管中并上下移动捣毁脊髓。此时蟾蜍出现四肢松软、呼吸消失，表示蟾蜍中枢神经系统已被完全破坏，否则重复上述操作。

（2）固定

用蛙足钉将蟾蜍以俯卧位固定在蛙板上。

（3）剥离皮肤

剥离一侧下肢自大腿根部起的全部皮肤。

（4）分离神经

于股二头肌与半膜肌之间分离坐骨神经，并在神经下穿线备用。

（5）分离腓肠肌

在同侧小腿腓肠肌处分离肌腱，并穿一丝线结扎；在结扎处下方剪断肌腱，沿腓肠肌两侧剪开筋膜，游离腓肠肌。下肢膝关节旁用蛙足钉固定，以保证腓肠肌收缩的正常记录。

### 3. 仪器及标本的连接

（1）连接换能器

将腓肠肌跟腱上的丝线连接于张力换能器的应变片上，调整换能器的高度，使肌肉处于自然拉长的状态（不宜过紧或过松）。

（2）连接保护电极

将保护电极钩在已分离出的坐骨神经上，并保证神经与电极接触良好。

## 【观察项目】

1. 改变刺激强度，记录肌肉的收缩张力变化曲线（图 2-1）。

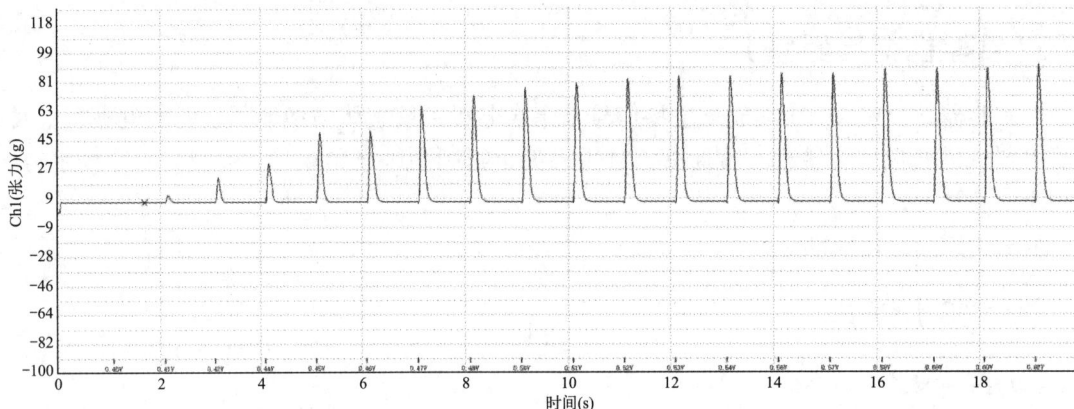

图2-1　刺激强度与骨骼肌收缩的关系

2. 找出阈刺激和最大刺激的值。

## 【注意事项】

1. 整个实验过程中需经常给标本裸露的部位滴加任氏液，防止肌肉和神经干燥，保持其生理活性。

2. 每次实验记录持续的时间不要太长，且两次实验记录之间要间隔 30 秒以上，以免肌肉疲劳影响实验结果。

## 【思考题】

1. 为什么给予坐骨神经一个有效刺激后，腓肠肌会收缩？

2. 为什么在阈强度和最适刺激强度之间，骨骼肌的收缩幅度会随刺激强度的增加而增加？这与"全或无"法则有无矛盾？

# 实验2　刺激频率与骨骼肌收缩的关系

## 【实验目的】

1. 掌握神经-肌肉实验的电刺激方法及肌肉收缩的记录方法。

2. 观察不同频率的电刺激对骨骼肌收缩形式的影响。

3. 掌握单收缩、不完全强直收缩、完全强直收缩的概念和产生机制。

## 【实验原理】

骨骼肌单收缩（twitch）的总时程包括潜伏期、收缩期和舒张期。若给予坐骨神经 - 腓肠肌标本一定频率的连续刺激，使相邻两次刺激的时间间隔小于该肌肉收缩的总时程时，则可出现收缩总和，这种收缩形式称复合收缩（compound contraction）。

若相邻两个刺激的时间间隔短于该肌肉收缩总时程，而长于肌肉收缩的潜伏期和收缩期时程，致使后一刺激落在前一次刺激引起的肌肉收缩的舒张期内，则肌肉尚未完全舒张又可产生新的收缩，这种收缩形式称为不完全强直收缩（incomplete tetanus）。

若相邻两次刺激的时间间隔短于肌肉收缩的潜伏期和收缩期时程，致后一次刺激落在前一次刺激引起的收缩期内，则肌肉收缩尚未结束便又开始进行新的收缩。这种收缩形式称为完全强直收缩（complete tetanus）。在生理条件下，骨骼肌的收缩形式几乎都是强直收缩。

## 【实验对象】

蟾蜍。

## 【实验器材与药品】

实验器材：BL-422I 集成化生物信号采集与分析系统、张力换能器、保护电极、蛙类手术器械（蛙板、玻璃板、普通剪刀、手术剪、组织镊、金属探针、玻璃分针、蛙足钉、丝线、滴管）。

实验试剂：任氏液。

## 【实验步骤】

### 1. 实验设置

进入生物机能实验系统软件，点击"实验模块"→"神经肌肉实验"→"刺激频率与反应的关系"实验项。

### 2. 坐骨神经-腓肠肌标本的制备（在体标本制备）

（1）破坏脑和脊髓

一手持蟾蜍，一手持金属探针在蟾蜍枕骨大孔凹陷处刺入椎管，向上插入颅腔并左右搅动，以彻底捣毁大脑中枢神经系统；然后将金属探针退至枕骨大孔皮下，将针尖朝下插入椎管中并上下移动捣毁脊髓。此时蟾蜍出现四肢松软、呼吸消失，表示蟾蜍中枢神经系统已被完全破坏，否则重复上述操作。

（2）固定

用蛙足钉将蟾蜍以俯卧位固定在蛙板上。

（3）剥离皮肤

剥离一侧下肢自大腿根部起的全部皮肤。

（4）分离神经

于股二头肌与半膜肌之间分离坐骨神经，并在神经下穿线备用。

（5）分离腓肠肌

在同侧小腿腓肠肌处分离肌腱，并穿一丝线结扎；在结扎处下方剪断肌腱，沿腓肠肌两侧剪开筋膜，游离腓肠肌。下肢膝关节旁用蛙足钉固定，以保证腓肠肌收缩的正常记录。

### 3. 仪器及标本的连接

（1）连接换能器

将腓肠肌跟腱上的丝线连接于张力换能器的应变片上；调整换能器的高度，使肌肉处于自然拉长的状态（不宜过紧或过松）。

（2）连接保护电极

将保护电极钩在已分离出的坐骨神经上，并保证神经与电极接触良好。

## 【观察项目】

### 1. 经典模式

分别给予坐骨神经 - 腓肠肌标本 1Hz、11Hz、30Hz 的阈上刺激，观察单收缩、不完全强直收缩、完全强直收缩的波形（图 2-2）。

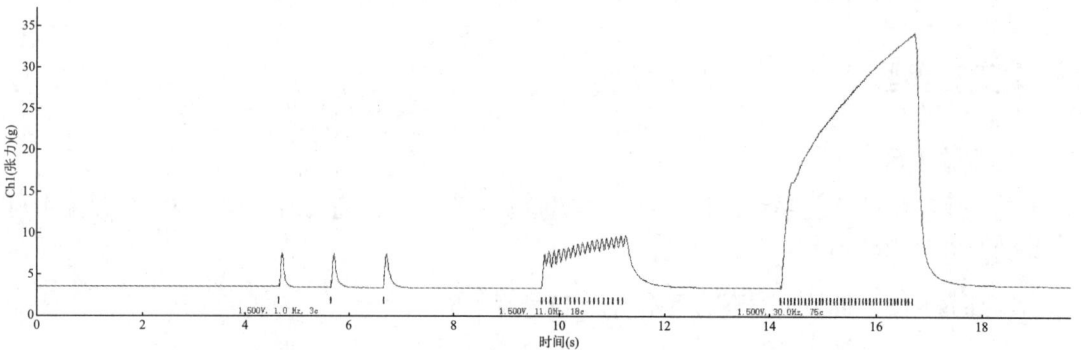

图2-2　刺激频率与骨骼肌收缩的关系——经典模式

### 2. 现代模式

保持强度不变，不断增加刺激频率，记录肌肉的收缩张力变化曲线（图 2-3）。

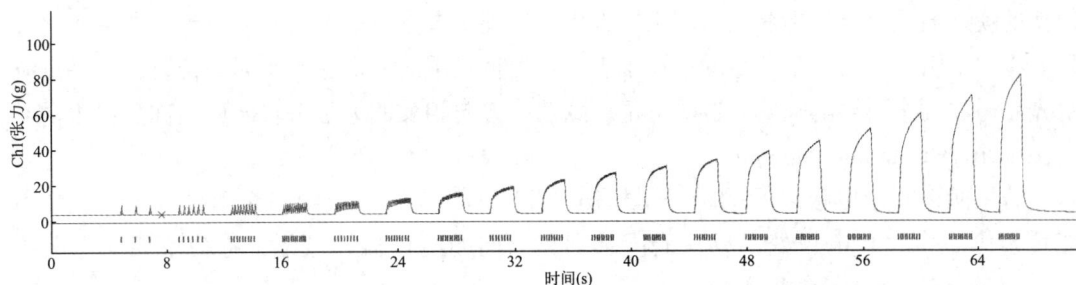

图2-3　刺激频率与骨骼肌收缩的关系——现代模式

## 【注意事项】

1. 整个实验过程中需经常给标本裸露的部位滴加任氏液，防止肌肉和神经干燥，保持其生理活性。

2. 每次实验记录持续的时间不要太长，且两次实验记录之间要间隔30秒以上，以免肌肉疲劳影响实验结果。

## 【思考题】

1. 形成不完全强直收缩和完全强直收缩的条件是什么？完全强直收缩有何生理意义？

2. 如何较准确地确定不完全强直收缩和完全强直收缩的临界频率？

# 实验3　神经干动作电位的记录

## 【实验目的】

1. 掌握蟾蜍坐骨神经-腓神经标本的制备方法。
2. 观察蟾蜍神经干动作电位的基本波形。
3. 学习神经干动作电位的记录方法。

## 【实验原理】

正常情况下，细胞膜两侧存在着一定的电位差，即膜电位。静息状态下，细胞膜两侧存在着外正内负的电位差，称为静息电位（resting potential，RP）。当细胞受到一个有效刺激时，膜电位在静息电位基础上发生一次快速的、可向远端传播的电位波动，称为动作电位（action potential，AP）。动作电位是神经细胞、肌细胞、腺细胞发生兴奋的客观标志。

产生动作电位时，处于兴奋部位的膜外电位低于静息部位，当动作电位通过后，兴奋部位的膜外电位又恢复到静息时的水平，用电生理学方法可以引导并记录到此电位变化过程。将两个引导电极置于完整的神经干表面，当神经干的一端受刺激而兴奋时，其兴奋波将先后通过两个引导电极处，这时可记录到两个方向相反的电位偏转波形，称为双相动作电位（biphasic action potential）。

若将两个引导电极之间的神经干损伤，此时的兴奋只通过第一个引导电极处，而不能传至第二个引导电极处，故只能记录到单方向的电位偏转波形，称为单相动作电位（monophasic action potential）。

神经干由很多兴奋性不同的神经纤维组成，因此神经干的动作电位为许多神经纤维电活动的总和，是一种复合动作电位。与单根神经纤维的动作电位不同，神经干动作电位的幅度不遵循"全或无"法则，即在一定范围内，其幅度随刺激强度的增加而变大，即强度法则。

## 【实验对象】

蟾蜍。

## 【实验器材与药品】

实验器材：BL-422I 集成化生物信号采集与分析系统、神经屏蔽盒、信号输入线、刺激/计滴线、蛙类手术器械（蛙板、玻璃板、普通剪刀、手术剪、组织镊、金属探针、玻璃分针、蛙足钉、丝线、滴管）、培养皿。

实验药品：任氏液。

## 【实验步骤】

### 1. 实验设置

进入生物机能实验系统软件，点击"实验模块"→"神经肌肉实验"→"神经干动作电位的记录"实验项。

### 2. 坐骨神经-腓神经标本的制备

（1）破坏脑和脊髓

一手持蟾蜍，一手持金属探针在蟾蜍枕骨大孔凹陷处刺入椎管，向上插入颅腔并左右搅动，以彻底捣毁大脑中枢神经系统。然后将金属探针退至枕骨大孔皮下，将针尖朝下插入椎管中并上下移动捣毁脊髓。此时蟾蜍出现四肢松软、呼吸消失，表示蟾蜍的中枢神经系统已被完全破坏，否则重复上述操作。

（2）制备下肢标本

提起腰骶部脊柱，使蟾蜍的头及内脏自然下垂。用普通剪刀在骶髂关节之前剪断脊柱，沿脊柱两侧去除内脏及头胸部。用镊子夹住脊柱断端使其后肢自然下垂，向下剥去皮肤。于耻骨联合中央剪开两侧大腿，沿脊柱正中将标本剪开，并将下肢标本浸入任氏液中。

（3）分离坐骨神经

将标本背侧向下固定于蛙板上。玻璃分针沿脊柱一侧游离坐骨神经腹腔段，并用丝线结扎坐骨神经近脊柱处。然后将标本背侧向上固定，循股二头肌和半膜肌之间的坐骨神经沟分离坐骨神经，将坐骨神经分离至腘窝处。坐骨神经在腘窝上方分为腓神经和胫神经两支。在分叉的下方剪断内侧的胫神经，向下分离腓神经至踝部，剪断腓神经下端。

于结扎点上端剪断坐骨神经。用镊子夹住结扎线并抽出坐骨神经 - 腓神经标本。分离的神经标本立即置于盛有任氏液的培养皿中备用。

### 3. 仪器及标本的连接

用镊子夹住神经上的丝线，将神经放入神经屏蔽盒中，使神经与屏蔽盒的刺激电极（刺激 +、刺激 -）和引导电极（C1、C2）相接触，并连接刺激输出线和信号输入线。

## 【观察项目】

### 1. 双相动作电位

逐渐增加刺激强度，直至出现动作电位波形。波形上可观察到，首先出现的一个小波形，为刺激伪迹。而后紧接着出现一个先上后下的波形，即为双相动作电位。测量动作电位的潜伏期、时程和幅值（图 2-4）。

继续增加刺激强度，动作电位和刺激伪迹均随之增大。但当刺激强度增大到某一程度后，动作电位就不再增大，而刺激伪迹仍然继续增大。

### 2. 单相动作电位

在两引导电极 C1 和 C2 之间，用镊子夹伤神经干或用局麻药局部阻断神经传导，再给予最适刺激。由于神经兴奋不能从 C1 点传导到 C2 点，出现一个单相动作电位（图 2-5）。

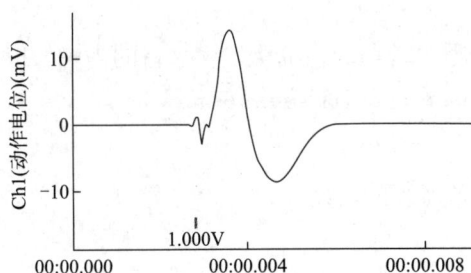

图2-4 神经干双相动作电位

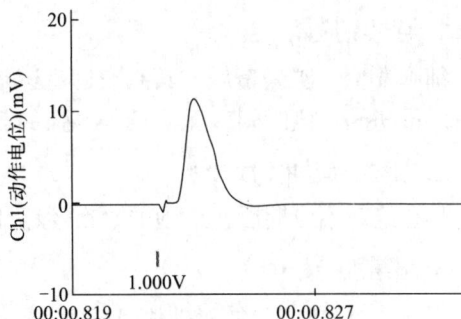

图2-5 神经干单相动作电位

## 【注意事项】

1. 实验过程中应经常滴加任氏液以防标本干燥。

2. 分离坐骨神经应尽量去除神经周围的结缔组织。

3. 实验过程中勿过度牵拉坐骨神经，或用金属器械夹捏神经，以防神经损伤。

4. 神经屏蔽盒应良好屏蔽接地，避免其他干扰。
5. 尽可能长地分离神经。

## 【思考题】

1. 为什么动作电位的大小会随着刺激强度的增大而增大？
2. 如何区分刺激伪迹和动作电位？

# 实验4　神经干兴奋不应期测定

## 【实验目的】

1. 掌握蟾蜍坐骨神经-腓神经标本的制备方法。
2. 学习神经干不应期的测量方法和原理。
3. 通过实验，加深对细胞兴奋性变化的理解。

## 【实验原理】

神经细胞在接受一次刺激产生兴奋后，其兴奋性将发生周期性的改变，依次经过绝对不应期（absolute refractory period）、相对不应期（relative refractory period）、超常期（supranormal period）和低常期（subnormal period）（图 2-6）。通过调节双脉冲刺激的时间间隔，使两个刺激间隔时间不断缩短，即可测出不应期的时间。

### 1. 绝对不应期（a-b）

细胞发生一次兴奋后，其兴奋性迅速下降到零的时期。在细胞发生兴奋的当时，以及兴奋后最初的一段时间，无论给予多强的刺激，也不能使细胞再次兴奋。

### 2. 相对不应期（b-c）

是在绝对不应期后，细胞的兴奋性逐渐向正常恢复的时期。

### 3. 超常期（c-d）

相对不应期后，有的细胞还会出现一个兴奋性轻度高于正常水平的时期，称为超常期。

### 4. 低常期（d-e）

在超常期后，细胞兴奋性低于正常水平的时期。

## 【实验对象】

蟾蜍。

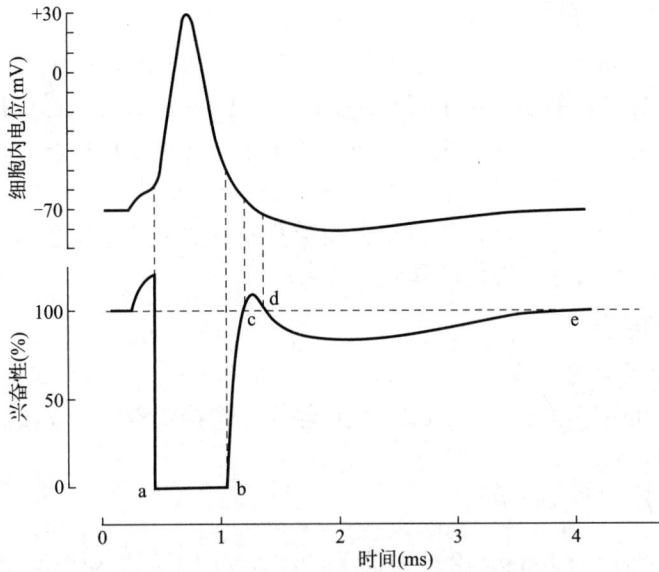

图2-6 兴奋性和动作电位的时间关系图

## 【实验器材与药品】

实验器材：BL-422I 集成化生物信号采集与分析系统、神经屏蔽盒、信号输入线、刺激 / 计滴线、蛙类手术器械（蛙板、玻璃板、普通剪刀、手术剪、组织镊、金属探针、玻璃分针、蛙足钉、丝线、滴管）。

实验药品：任氏液。

## 【实验步骤】

### 1.实验设置

进入生物机能实验系统软件，点击"实验模块"→"神经肌肉实验"→"神经干兴奋不应期测定"实验项。

### 2.坐骨神经–腓神经标本的制备

（1）破坏脑和脊髓

一手持蟾蜍，一手持金属探针在蟾蜍枕骨大孔凹陷处刺入椎管，向上插入颅腔并左右搅动，以彻底捣毁大脑中枢神经系统。然后将金属探针退至枕骨大孔皮下，将针尖朝下插入椎管中并上下移动捣毁脊髓。此时蟾蜍出现四肢松软、呼吸消失，表示蟾蜍的中枢神经系统已被完全破坏，否则重复上述操作。

（2）制备下肢标本

提起腰骶部脊柱，使蟾蜍的头及内脏自然下垂。用普通剪刀在骶髂关节之前剪断脊柱，沿脊柱两侧去除内脏及头胸部。用镊子夹住脊柱断端使其后肢自然下垂，向下剥去皮肤。于耻骨联合中央剪开两侧大腿，沿脊柱正中将标本剪开，并将下肢标本浸入任氏液中。

（3）分离坐骨神经

将标本背侧向下固定于蛙板上。玻璃分针沿脊柱一侧游离坐骨神经腹腔段，并用丝线结扎坐骨神经近脊柱处。然后将标本背侧向上固定，循股二头肌和半膜肌之间的坐骨神经沟分离坐骨神经，将坐骨神经分离至腘窝处。坐骨神经在腘窝上方分为腓神经和胫神经两支。在分叉的下方剪断内侧的胫神经，向下分离腓神经至踝部，剪断腓神经下端。

于结扎点上端剪断坐骨神经。用镊子夹住结扎线并抽出坐骨神经 - 腓神经标本。分离的神经标本立即置于盛有任氏液的培养皿中备用。

3.仪器及标本的连接

用镊子夹住神经上的丝线，将神经放入神经屏蔽盒中，使神经与屏蔽盒的刺激电极（刺激 +、刺激 -）和引导电极（C1、C2）相接触，并连接刺激输出线和信号输入线。

## 【观察项目】

将刺激间隔时间设为 20ms，给予刺激，此时出现两个双相动作电位（图 2-7）。逐渐调小间隔时间，使第二个动作电位逐渐向第一个动作电位靠近。当第二个动作电位的波形幅度开始降低时，表明第二个刺激已落入第一个动作电位的相对不应期，将此时间隔时间作为 $T_1$。继续缩短间隔时间，若第二个动作电位完全消失，表明此时第二个刺激开始落入第一次兴奋后的绝对不应期，将此时两刺激间隔时间定为 $T_2$，即为神经干的绝对不应期。$T_1$ 减去 $T_2$ 的差值即为神经干的相对不应期。

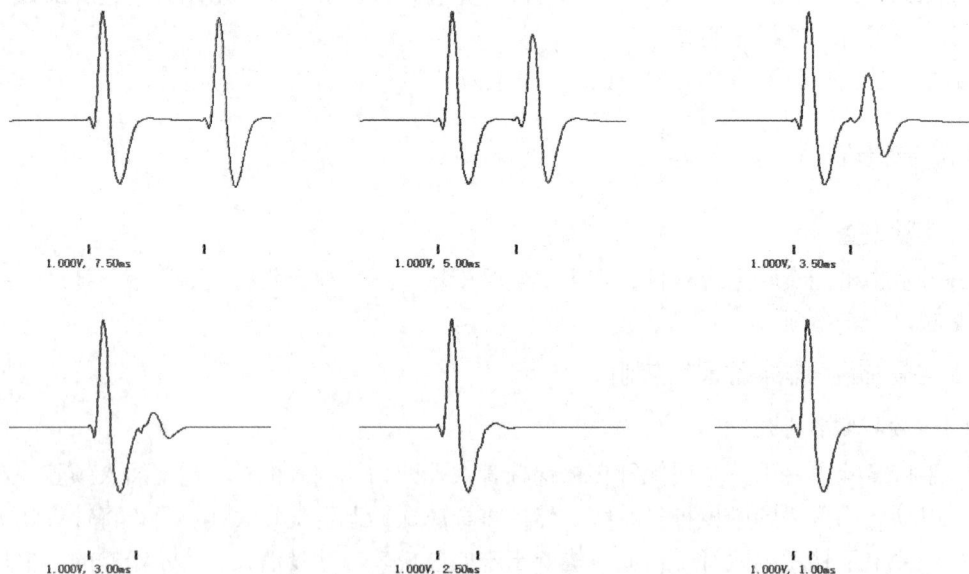

图2-7 双脉冲刺激测定神经兴奋不应期

## 【注意事项】

1.实验过程中应经常滴加任氏液以防标本干燥。
2.神经屏蔽盒应良好屏蔽接地，避免其他干扰。

3. 尽可能长地分离神经。

## 【思考题】

1. 为什么在绝对不应期内，多强的刺激都不能使神经兴奋？
2. 分析兴奋性周期变化的原因。

# 实验5  神经兴奋传导速度测定

## 【实验目的】

1. 掌握蟾蜍坐骨神经-腓神经标本的制备方法。
2. 学习神经兴奋传导速度的测定方法。

## 【实验原理】

动作电位一旦在细胞膜的某一点产生，就会沿着细胞膜向周围进行不衰减的传播，直到传遍整个细胞。这个过程称为动作电位的传导（conduction）。影响传导速度最重要的因素是神经纤维的直径和有无髓鞘。

通过测量神经屏蔽盒中一段神经的长度（即传导的距离 s）及兴奋通过这段距离所需要的时间（t），根据公式 v=s/t，即可计算出动作电位在神经干上的传导速度（v）。在本次实验中，通过同步采集两对电极所记录的复合动作电位，测量出动作电位通过这段长度的神经干所需要的时间，从而计算传导速度。蛙坐骨神经干以 Aδ 类神经纤维为主，传导速度约为 30～40m/s。

## 【实验对象】

蟾蜍。

## 【实验器材与药品】

实验器材：BL-422I 集成化生物信号采集与分析系统、神经屏蔽盒、信号输入线、刺激/计滴线、蛙类手术器械（蛙板、玻璃板、普通剪刀、手术剪、组织镊、金属探针、玻璃分针、蛙足钉、丝线、滴管）、培养皿。

实验药品：任氏液。

## 【实验步骤】

1. 实验设置

进入生物机能实验系统软件，点击"实验模块"→"神经肌肉实验"→"神经兴奋传导速度测定"实验项。

### 2. 坐骨神经-腓神经标本的制备

（1）破坏脑和脊髓

一手持蟾蜍，一手持金属探针在蟾蜍枕骨大孔凹陷处刺入椎管，向上插入颅腔并左右搅动，以彻底捣毁大脑中枢神经系统。然后将金属探针退至枕骨大孔皮下，将针尖朝下插入椎管中并上下移动捣毁脊髓。此时蟾蜍出现四肢松软、呼吸消失，表示蟾蜍的中枢神经系统已被完全破坏，否则重复上述操作。

（2）制备下肢标本

提起腰骶部脊柱，使蟾蜍的头及内脏自然下垂。用普通剪刀在骶髂关节之前剪断脊柱，沿脊柱两侧去除内脏及头胸部。用镊子夹住脊柱断端使其后肢自然下垂，向下剥去皮肤。于耻骨联合中央剪开两侧大腿，沿脊柱正中将标本剪开，并将下肢标本浸入任氏液中。

（3）分离坐骨神经

将标本背侧向下固定于蛙板上。玻璃分针沿脊柱一侧游离坐骨神经腹腔段，并用丝线结扎坐骨神经近脊柱处。然后将标本背侧向上固定，循股二头肌和半膜肌之间的坐骨神经沟分离坐骨神经，将坐骨神经分离至腘窝处。坐骨神经在腘窝上方分为腓神经和胫神经两支。在分叉的下方剪断内侧的胫神经，向下分离腓神经至踝部，剪断腓神经下端。

于结扎点上端剪断坐骨神经。用镊子夹住结扎线并抽出坐骨神经 - 腓神经标本。分离的神经标本立即置于盛有任氏液的培养皿中备用。

### 3. 仪器及标本的连接

用镊子夹住神经上的丝线，将神经放入神经屏蔽盒中，使神经与屏蔽盒的刺激电极和引导电极相接触，并连接刺激输出线和信号输入线。其中，两对电极之间的距离要尽量远。

## 【观察项目】

给予一个最适刺激，此时屏幕上 1、2 通道分别出现两个动作电位。测量第一个动作电位到第二个动作电位的时间，用测定的神经距离除以此时间，即为神经干的传导速度。

## 【注意事项】

1. 实验过程中应经常滴加任氏液以防标本干燥。
2. 神经屏蔽盒应良好屏蔽接地，避免其他干扰。
3. 尽可能长地分离神经。

## 【思考题】

测量神经干传导速度时，为何要求两对引导电极间距离越远越好？

# 实验6　阈刺激与动作电位的关系

## 【实验目的】

1. 掌握神经实验的电刺激方法及神经干动作电位的记录方法。
2. 学习坐骨神经-腓神经标本的制作方法。
3. 深入理解阈强度、阈刺激、阈上刺激等概念。

## 【实验原理】

正常情况下，细胞膜两侧存在着一定的电位差，即膜电位。静息状态下，细胞膜两侧存在着外正内负的电位差，称为静息电位（resting potential，RP）。当细胞受到一个有效刺激时，膜电位在静息电位基础上发生一次快速的、可向远端传播的电位波动，称为动作电位（action potential，AP）。动作电位是神经细胞、肌细胞、腺细胞发生兴奋的客观标志。

能使细胞产生动作电位的最小刺激强度，称为阈强度（threshold intensity）或阈值（threshold value）。相当于阈强度的刺激称为阈刺激（threshold stimulus）。大于、小于阈强度的刺激分别称为阈上刺激和阈下刺激。阈下刺激通常不能触发动作电位。只有当某些刺激引起膜内正电荷增加，即负电位减小（去极化）达到一个临界值时，细胞膜中的钠通道才大量开放而触发动作电位。这个能触发动作电位的膜电位临界值称为阈电位（threshold potential）。

## 【实验对象】

蟾蜍。

## 【实验器材与药品】

实验器材：BL-422I 集成化生物信号采集与分析系统、神经屏蔽盒、信号输入线、刺激 / 计滴线、蛙类手术器械（蛙板、玻璃板、普通剪刀、手术剪、组织镊、金属探针、玻璃分针、蛙足钉、丝线、滴管）、培养皿。

实验药品：任氏液。

## 【实验步骤】

### 1. 实验设置
进入生物机能实验系统软件，点击"实验模块"→"神经肌肉实验"→"阈刺激与动作电位的关系"实验项。

### 2. 坐骨神经-腓神经标本的制备

（1）破坏脑和脊髓

一手持蟾蜍，一手持金属探针在蟾蜍枕骨大孔凹陷处刺入椎管，向上插入颅腔并左右搅动，以彻底捣毁大脑中枢神经系统。然后将金属探针退至枕骨大孔皮下，将针尖朝下插入椎管中并上下移动捣毁脊髓。此时蟾蜍出现四肢松软、呼吸消失，表示蟾蜍的中枢神经系统已被完全破坏，否则重复上述操作。

（2）制备下肢标本

提起腰骶部脊柱，使蟾蜍的头及内脏自然下垂。用普通剪刀在骶髂关节之前剪断脊柱，沿脊柱两侧去除内脏及头胸部。用镊子夹住脊柱断端使其后肢自然下垂，向下剥去皮肤。于耻骨联合中央剪开两侧大腿，沿脊柱正中将标本剪开，并将下肢标本浸入任氏液中。

（3）分离坐骨神经

将标本背侧向下固定于蛙板上。玻璃分针沿脊柱一侧游离坐骨神经腹腔段，并用丝线结扎坐骨神经近脊柱处。然后将标本背侧向上固定，循股二头肌和半膜肌之间的坐骨神经沟分离坐骨神经，将坐骨神经分离至腘窝处。坐骨神经在腘窝上方分为腓神经和胫神经两支。在分叉的下方剪断内侧的胫神经，向下分离腓神经至踝部，剪断腓神经下端。

于结扎点上端剪断坐骨神经。用镊子夹住结扎线并抽出坐骨神经-腓神经标本。分离的神经标本立即置于盛有任氏液的培养皿中备用。

### 3. 仪器及标本的连接

用镊子夹住神经上的丝线，将神经放入神经屏蔽盒中，使神经与屏蔽盒的刺激电极（刺激 +、刺激 −）和引导电极（C1、C2）相接触，并连接刺激输出线和信号输入线。

## 【观察项目】

逐渐增大刺激强度，找出阈刺激和最大刺激的值，并观察动作电位幅值与刺激强度之间的关系。

## 【注意事项】

1. 实验过程中应经常滴加任氏液以防标本干燥。
2. 神经屏蔽盒应良好屏蔽接地，避免其他干扰。
3. 尽可能长地分离神经。

## 【思考题】

1. 简述动作电位产生的机制。
2. 阈上刺激单神经细胞时，其动作电位的幅度与阈上刺激的强度无关，表现出"全或无"。在本实验中随着刺激强度的增强，神经干动作电位有何变化？为什么？

# 实验7 蛙缝匠肌被动张力变化与肌梭放电同步观察

## 【实验目的】

1. 掌握肌梭、牵张反射的概念。
2. 学习坐骨神经-缝匠肌标本的制作方法。
3. 观察缝匠肌定量被动张力的变化与肌梭放电的对应关系，理解肌梭的功能。

## 【实验原理】

肌梭（muscle spindle）是骨骼肌的本体感受器。当给予被动张力使肌肉拉长或 γ 运动神经元兴奋使梭内肌收缩，都会引起肌梭兴奋，产生冲动，沿Ⅰ、Ⅱ类传入神经纤维经脊髓根传入脊髓，使脊髓前角 α 运动神经元兴奋，引起所支配的梭外肌收缩。一定范围内，每根传入纤维产生动作电位的频率及同时兴奋的传入纤维的数目，与肌肉被动张力的大小呈正相关。每个动作电位的波形都具有一定的面积。因此，单位时间内，传入神经产生的动作电位波形面积的总和与同一时间内产生的动作电位的数目呈正相关。所以，记录肌肉被动张力大小的同时，记录传入神经纤维动作电位的面积积分幅度，可客观地反映骨骼肌被动张力的变化与肌梭放电的对应关系。

缝匠肌的所有肌纤维都是平行的，因此该肌的收缩代表各条肌纤维的收缩，收缩时的张力近似于各肌纤维的代数和，因此被用于许多研究肌肉力学特性的实验。

## 【实验对象】

蟾蜍。

## 【实验器材与药品】

实验器材：BL-422I 集成化生物信号采集与分析系统、肌梭屏蔽盒、信号输入线、刺激 / 计滴线、蛙类手术器械（蛙板、玻璃板、普通剪刀、手术剪、组织镊、金属探针、玻璃分针、蛙足钉、丝线、滴管）、张力换能器。

实验药品：任氏液。

## 【实验步骤】

### 1. 实验设置

进入生物机能实验系统软件，点击"实验模块"→"神经肌肉实验"→"蛙缝匠肌被动张力变化与肌梭放电同步观察"实验项。

### 2. 坐骨神经-缝匠肌标本的制备

（1）破坏脑和脊髓

一手持蟾蜍，一手持金属探针在蟾蜍枕骨大孔凹陷处刺入椎管，向上插入颅腔并左右搅动，以彻底捣毁大脑中枢神经系统。然后将金属探针退至枕骨大孔皮下，将针尖朝下插入椎管中并上下移动捣毁脊髓。此时蟾蜍出现四肢松软、呼吸消失，表示蟾蜍的中枢神经系统已被完全破坏，否则重复上述操作。

（2）制备下肢标本

提起腰骶部脊柱，使蟾蜍的头及内脏自然下垂。用普通剪刀在骶髂关节之前剪断脊柱，沿脊柱两侧去除内脏及头胸部。用镊子夹住脊柱断端使其后肢自然下垂，向下剥去皮肤。于耻骨联合中央剪开两侧大腿，沿脊柱正中将标本剪开，并将下肢标本浸入任氏液中。

（3）分离坐骨神经

将标本背侧向下固定于蛙板上。用玻璃分针沿脊柱一侧游离坐骨神经腹腔段，用丝线结扎坐骨神经近脊柱处。

（4）分离缝匠肌

缝匠肌位于股部腹内侧面，起于耻骨联合，止于胫骨，为一肌纤维平行排列的长条肌肉。缝匠肌受坐骨神经的分支支配，此分支起于梨状肌的尾骨侧下面，在缝匠肌内侧面下1/3处进入该肌肉。将下肢标本背位固定于蛙板上，找到缝匠肌，在其胫骨附着点穿线结扎，并将结扎线外侧的腱膜剪断。轻提结扎线，用眼科剪沿缝匠肌外侧缘仔细剪开肌膜，直至缝匠肌在耻骨联合的附着处。为保护肌纤维，可在附着处剪下少量耻骨。随后用眼科剪沿内侧缘剪开肌膜。用玻璃分针分离内大收肌和股内直肌，将在背面已分离的神经由分离处穿至腹面，在此过程中需将支配其他肌肉的神经分支剪断。

（5）分离坐骨神经 - 缝匠肌分支

找到梨状肌，剪断其在尾骨的附着处。小心分离其下的坐骨神经，认清坐骨神经在此处发出的 3 个分支。在中枢端结扎坐骨神经，轻轻提起结扎线，找到支配缝匠肌的神经（该分支从内直肌和半腱肌之间进入大腿腹面），将其余分支剪断。

（6）游离坐骨神经 - 缝匠肌标本

于耻骨联合结扎点上端剪断缝匠肌，提起结扎线，剪开肌膜，离体坐骨神经 - 缝匠肌标本。将制备的标本置于任氏液中备用。

### 3. 仪器及标本的连接

缝匠肌标本置于盛有任氏液的肌梭屏蔽盒中，固定一端结扎线，另一端连接至张力换能器，坐骨神经置于引导电极上。连接信号输入线与肌梭屏蔽盒。

## 【观察项目】

1. 给缝匠肌施加一定的张力，同步记录肌张力与电信号（图 2-8）。

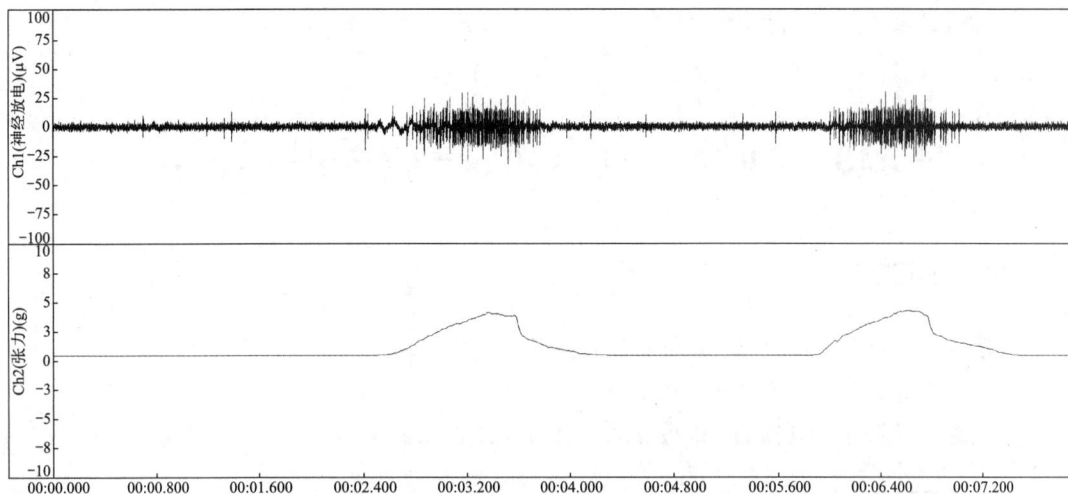

图2-8  缝匠肌被动张力变化与肌梭放电同步观察1

2.调整换能器高度，观察张力变化与神经放电之间的关系（图2-9）。

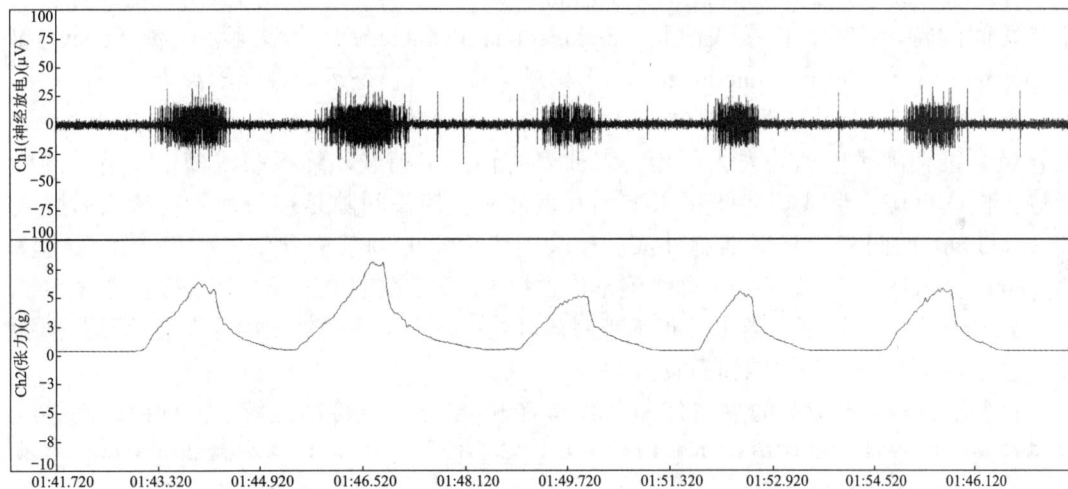

图2-9  缝匠肌被动张力变化与肌梭放电同步观察2

## 【注意事项】

1.仔细辨认神经，并小心分离，避免损伤神经。

2.经常用任氏液湿润标本，保证标本的兴奋性。

## 【思考题】

1.肌肉被动张力的大小与传入神经纤维动作电位的频率有何关系？存在这种关系的原因是什么？

2. 说明肌肉被持续拉长时，肌梭放电的变化及其变化的原因。

# 实验8  神经、肌肉兴奋-收缩时相关系

## 【实验目的】

1. 学习坐骨神经-腓肠肌标本的制作方法。
2. 观察坐骨神经干动作电位的基本波形。
3. 观察坐骨神经-腓肠肌标本电活动与肌肉收缩之间的关系。

## 【实验原理】

骨骼肌的收缩需要在中枢神经系统控制下完成，并依赖于神经-肌接头处的兴奋传递、兴奋-收缩耦联、收缩蛋白的横桥周期等多个亚细胞生物网络系统的协调活动。

骨骼肌神经-肌接头（neuromuscular junction）是运动神经末梢与其所支配的骨骼肌细胞之间的特化结构，由接头前膜（prejunctional membrane）、接头后膜（postjunctional membrane）和接头间隙（junctional cleft）构成。接头前膜是运动神经轴突末梢膜的一部分。接头后膜是与接头前膜相对的骨骼肌细胞膜，也称终板膜（end-plate membrane）。运动神经纤维在到达末梢处失去髓鞘，以裸露的轴突末梢嵌入终板膜浅槽中。槽底部终板膜又向内凹陷，形成许多皱褶以增大其表面积。接头间隙是接头前膜与接头后膜之间 $20\sim30nm$ 的间隔，充满细胞外液。接头前膜内侧的轴浆中含约 $3\times10^5$ 个突触囊泡（synaptic vesicle）或突触小泡，每个囊泡内含约 $10^4$ 个乙酰胆碱分子。接头后膜上含有 $N_2$ 型 ACh 受体阳离子通道，集中分布于皱褶开口处。在接头后膜外表面还布有乙酰胆碱酯酶，它能将 ACh 分解为胆碱和乙酸。

骨骼肌神经-肌接头的兴奋传递过程具有电-化学-电传递的特点。即由运动神经纤维传到轴突末梢的动作电位（电信号）触发接头前膜 $Ca^{2+}$ 依赖性突触囊泡出胞，释放 ACh 至接头间隙（化学信号），再由 ACh 激活终板膜中 $N_2$ 型 ACh 受体阳离子通道而产生膜电位变化（电信号）（图 2-10）。

## 【实验对象】

蟾蜍。

## 【实验器材与药品】

实验器材：BL-422I 集成化生物信号采集与分析系统、神经屏蔽盒、信号输入线、刺激/计滴线、蛙类手术器械（蛙板、玻璃板、普通剪刀、手术剪、组织镊、金属探针、玻璃分针、蛙足钉、丝线、滴管）、张力换能器。

实验药品：任氏液。

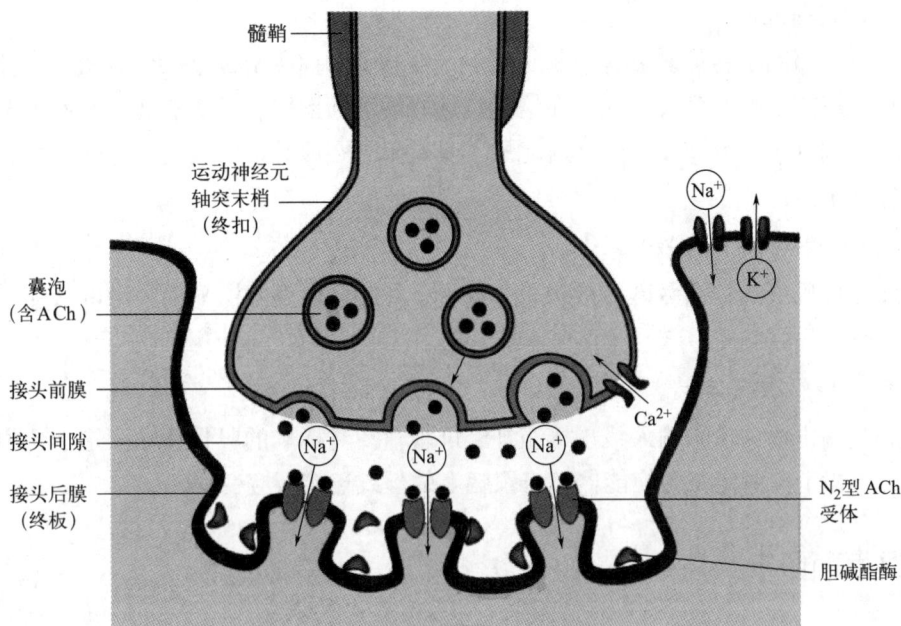

图2-10　骨骼肌神经-肌接头的主要结构

## 【实验步骤】

### 1. 实验设置

进入生物机能实验系统软件，点击"实验模块"→"神经肌肉实验"→"连续单刺激对肌肉收缩和动作电位的影响"。

### 2. 坐骨神经-腓肠肌标本的制备

（1）破坏脑和脊髓

一手持蟾蜍，一手持金属探针在蟾蜍枕骨大孔凹陷处刺入椎管，向上插入颅腔并左右搅动，以彻底捣毁大脑中枢神经系统。然后将金属探针退至枕骨大孔皮下，将针尖朝下插入椎管中并上下移动捣毁脊髓。此时蟾蜍出现四肢松软、呼吸消失，表示蟾蜍的中枢神经系统已被完全破坏，否则重复上述操作。

（2）制备下肢标本

提起腰骶部脊柱，使蟾蜍的头及内脏自然下垂。用普通剪刀在骶髂关节之前剪断脊柱，沿脊柱两侧去除内脏及头胸部。用镊子夹住脊柱断端使其后肢自然下垂，向下剥去皮肤。于耻骨联合中央剪开两侧大腿，沿脊柱正中将标本剪开，并将下肢标本浸入任氏液中。

（3）游离坐骨神经

将标本背侧向下固定于蛙板上。用玻璃分针沿脊柱一侧游离坐骨神经腹腔段，用丝线结扎坐骨神经近脊柱处。然后将标本背侧向上固定，循股二头肌和半膜肌之间的坐骨神经沟分离坐骨神经。从脊柱根部剪断坐骨神经，组织镊夹持结扎线将神经提起，剪断坐骨神经所有分支，将神经一直游离至腘窝处。

（4）游离腓肠肌

将游离干净的坐骨神经放置于腓肠肌上，在膝关节周围剪掉全部大腿肌肉，并剪断股骨。分离腓肠肌跟腱并穿线结扎，在结扎点远心端剪断跟腱，游离腓肠肌至膝关节处。沿膝关节将小腿其余部分剪断。这样就完成了具有附着在股骨上的腓肠肌并带支配腓肠肌的坐骨神经标本。

（5）检查标本的兴奋性

用浸有任氏液的锌铜弓迅速接触坐骨神经，如腓肠肌发生明显而灵敏的收缩，则表示标本的兴奋性良好。

### 3. 仪器及标本的连接

将刺激输出线和信号输入线连接至神经屏蔽盒。将标本的股骨残端固定于孔中，坐骨神经置于电极上。固定张力换能器，将跟腱上的丝线连接至应变片。

## 【观察项目】

观察动作电位与肌肉收缩出现的先后顺序（图 2-11）。

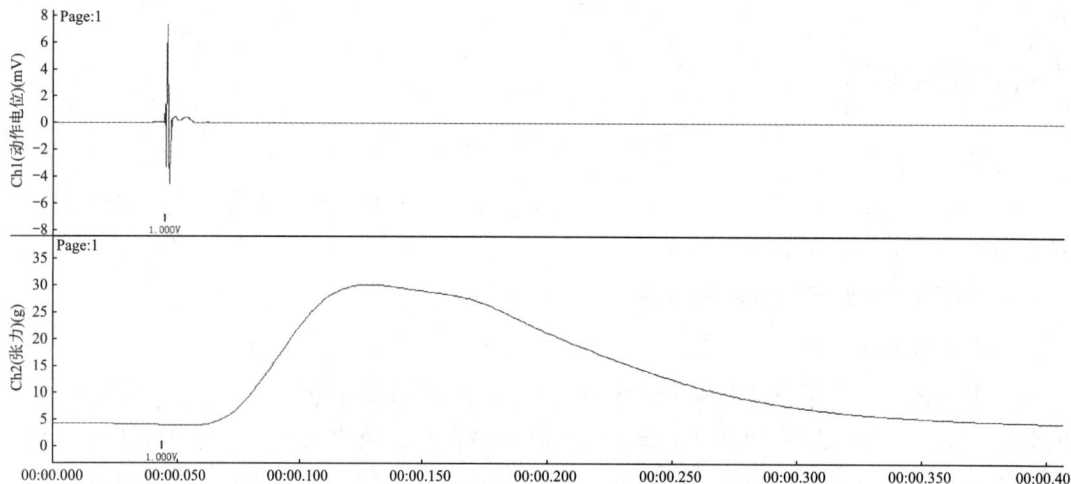

图2-11　神经、肌肉兴奋-收缩时相关系

## 【注意事项】

1. 分离神经干要用玻璃分针仔细分离，避免神经与金属接触，以减少神经损伤。
2. 经常用任氏液湿润标本，保证标本的兴奋性。

## 【思考题】

1. 试阐述神经-肌肉接头兴奋传递的过程。

2. 逐渐增大刺激强度，动作电位和肌肉收缩有怎样的变化？为什么？

# 实验9　骨骼肌终板电位记录

## 【实验目的】

1. 学习终板电位的概念和其产生机制。
2. 了解记录骨骼肌终板电位的实验方法。
3. 观察骨骼肌终板电位的特征。

## 【实验原理】

骨骼肌神经 - 肌接头是运动神经末梢与其所支配的骨骼肌细胞之间的特化结构，由接头前膜、接头后膜和接头间隙构成。接头前膜是运动神经轴突末梢膜的一部分。接头后膜是与接头前膜相对的骨骼肌细胞膜，也称终板膜。

骨骼肌神经 - 肌接头的兴奋传递过程具有电 - 化学 - 电传递的特点。当神经冲动到达运动神经末梢时，细胞膜去极化，电压门控的钙通道开放，细胞外的 $Ca^{2+}$ 进入神经末梢，促使大量突触小泡向突触间隙释放乙酰胆碱（ACh）。ACh 通过接头间隙扩散终板膜表面时，立即与终板膜上的 $N_2$ 型 ACh 受体结合，使通道开放，允许 $Na^+$、$K^+$ 等通过，以 $Na^+$ 的内流为主，引起终板膜去极化。这一电位变化称为终板电位（end-plate potential，EPP）。EPP 达到骨骼肌阈电位时，便可产生可扩布的动作电位，最后引起肌肉收缩。

## 【实验对象】

蟾蜍。

## 【实验器材与药品】

实验器材：BL-422I 集成化生物信号采集与分析系统、神经屏蔽盒、信号输入线、刺激 / 计滴线、蛙类手术器械（蛙板、玻璃板、普通剪刀、手术剪、组织镊、金属探针、玻璃分针、蛙足钉、丝线、滴管）、铜锌弓。

实验药品：任氏液、$10^{-6}$mol/L 箭毒、$10^{-6}$mol/L 乙酰胆碱。

## 【实验步骤】

### 1. 实验设置

进入生物机能实验系统软件，点击"实验模块"→"神经肌肉实验"→"终板电位记录"实验项。

### 2. 坐骨神经-缝匠肌标本的制备

（1）破坏脑和脊髓

一手持蟾蜍，一手持金属探针在蟾蜍枕骨大孔凹陷处刺入椎管，向上插入颅腔并左右搅动，以彻底捣毁大脑中枢神经系统。然后将金属探针退至枕骨大孔皮下，将针尖朝下插入椎管中并上下移动捣毁脊髓。此时蟾蜍出现四肢松软、呼吸消失，表示蟾蜍的中枢神经系统已被完全破坏，否则重复上述操作。

（2）制备下肢标本

提起腰骶部脊柱，使蟾蜍的头及内脏自然下垂。用普通剪刀在骶髂关节之前剪断脊柱，沿脊柱两侧去除内脏及头胸部。用镊子夹住脊柱断端使其后肢自然下垂，向下剥去皮肤。于耻骨联合中央剪开两侧大腿，沿脊柱正中将标本剪开，并将下肢标本浸入任氏液中。

（3）分离坐骨神经

将标本背侧向下固定于蛙板上。用玻璃分针沿脊柱一侧游离坐骨神经腹腔段，用丝线结扎坐骨神经近脊柱处。

（4）分离缝匠肌

缝匠肌位于股部腹内侧面，起于耻骨联合，止于胫骨，为一肌纤维平行排列的长条肌肉。缝匠肌受坐骨神经的分支支配，此分支起于梨状肌的尾骨侧下面，在缝匠肌内侧面下 1/3 处进入该肌肉。将下肢标本背位固定于蛙板上，找到缝匠肌，在其胫骨附着点穿线结扎，并将结扎线外侧的腱膜剪断。轻提结扎线，用眼科剪沿缝匠肌外侧缘仔细剪开肌膜，直至缝匠肌在耻骨联合的附着处。为保护肌纤维，可在附着处剪下少量耻骨。随后用眼科剪沿内侧缘剪开肌膜。用玻璃分针分离内大收肌和股内直肌，将在背面已分离的神经由分离处穿至腹面，在此过程中需将支配其他肌肉的神经分支剪断。

（5）分离坐骨神经 - 缝匠肌分支

找到梨状肌，剪断其在尾骨的附着处。小心分离其下的坐骨神经，认清坐骨神经在此处发出的 3 个分支。在中枢端结扎坐骨神经，轻轻提起结扎线，找到支配缝匠肌的神经（该分支从内直肌和半腱肌之间进入大腿腹面），将其余分支剪断。

（6）游离坐骨神经 - 缝匠肌标本

于耻骨联合结扎点上端剪断缝匠肌，提起结扎线，剪开肌膜，离体坐骨神经 - 缝匠肌标本。将制备的标本置于任氏液中备用。

### 3. 仪器及标本的连接

缝匠肌标本置于神经屏蔽盒中。缝匠肌近骨盆端约 6mm 范围内神经分布较少，但下 1/3 处为密集区。将引导电极置于神经密集区，参考电极放置于缝匠肌上部，坐骨神经置于刺激电极上。

## 【观察项目】

### 1. 终板区定位

用单脉冲阈上刺激坐骨神经，记录刺激伪迹和动作电位，测量潜伏期；引导电极每移动1mm，刺激、记录一次动作电位，并测量其潜伏期，当记录到潜伏期最小时的区域就是终板区。注意：在电位的上升支上有一个转折，转折下部为终板电位，转折上部为肌纤维的动作电位。

### 2. 乙酰胆碱对神经-肌接头的作用

将浸过乙酰胆碱的小棉球放于终板区，在未给予电刺激时，观察是否有终板电位和动作电位的产生。随后单脉冲电刺激坐骨神经，与之前的波形比较，观察终板电位和动作电位有何变化。

### 3. 箭毒的作用

将箭毒滴加到终板区后，在不同的时间点刺激坐骨神经。实验中可以观察到，随着时间的延长和箭毒化作用的加强，终板电位逐步减小直至动作电位消失，从而获得单纯的终板电位（图2-12）。

### 4. 终板电位的时间总和现象

将坐骨神经-缝匠肌标本经箭毒浸泡，用锌铜弓检查标本不起反应后，用双脉冲刺激标本，第二个刺激脉冲应该在第一个刺激脉冲导致的电位变化消失之前给予，然后逐步缩短两个刺激之间的间隔时间，观察终板电位的变化，是否有动作电位产生。

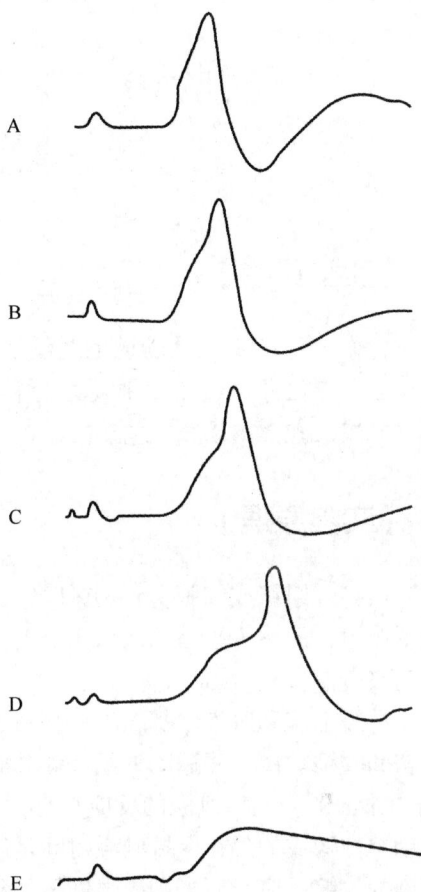

图2-12　终板电位示意图

A. 加箭毒以前；B～D. 箭毒逐渐产生作用；E. 没有动作电位的终板电位

## 【注意事项】

1. 制作标本时不要损伤神经，神经分离后需加任氏液保持湿润。
2. 实验中，参考电极位置固定不动，而引导电极可移动。

## 【思考题】

1. 观察终板电位，结合理论课所学，总结终板电位的特征。
2. 骨骼肌的神经-肌肉接头是许多药物或病理因素的作用靶点。哪些药物可以影响神经肌肉接头处的兴奋传递？分析它们的作用机制，并学习其临床应用价值。

# 实验10　连续单刺激对肌肉收缩和动作电位的影响

## 【实验目的】

1. 掌握神经-肌肉实验的电刺激方法及肌肉收缩的记录方法。
2. 学习坐骨神经-腓肠肌标本的制作方法。
3. 深入理解阈强度、阈刺激、阈上刺激等概念。

## 【实验原理】

　　器官、组织或细胞受到刺激时，由相对静止转变为活动或由活动弱变为活动强的过程或反应形式，称为兴奋（excitation）。组织或细胞接受刺激后可以发生反应的能力或特性，称为兴奋性（excitability）。

　　神经细胞和肌细胞都属于可兴奋细胞。运动神经的兴奋可引起其支配的骨骼肌细胞的兴奋和收缩。由一根运动神经纤维及其所支配的骨骼肌细胞组成的功能单位称为运动单位（motor unit）。它对刺激的反应具有"全或无"的性质。而坐骨神经 - 腓肠肌标本是由许多运动单位构成的。在保持刺激时间足够长的情况下，如施加的刺激强度过小，则不会引起肌肉的收缩反应。而当刺激强度增加到某一临界值时，将引起少数兴奋性较高的神经纤维兴奋，从而引起它们所支配的骨骼肌细胞收缩，记录到较低的肌肉收缩波形，此临界刺激强度即为阈强度（threshold intensity），该刺激称为阈刺激（threshold stimulus）。

　　继续增加刺激强度，兴奋的运动单位数量增多，肌肉的收缩幅度也不断增加。此时的刺激称为阈上刺激（supraliminal stimulus）。当刺激强度增加到使全部运动单位兴奋时，肌肉收缩幅度也达最大。此时即使再增加刺激强度，肌肉收缩的幅度都不会再增加。一般把引起神经或肌肉出现最大反应的最小刺激强度称为最适刺激强度，该刺激称为最大刺激或最适刺激（the adequate stimulus）。

## 【实验对象】

蟾蜍。

## 【实验器材与药品】

　　实验器材：BL-422I 集成化生物信号采集与分析系统、神经屏蔽盒、信号输入线、刺激/计滴线、蛙类手术器械（蛙板、玻璃板、普通剪刀、手术剪、组织镊、金属探针、玻璃分针、蛙足钉、丝线、滴管）、锌铜弓、张力换能器。

实验药品：任氏液。

## 【实验步骤】

### 1. 实验设置

进入生物机能实验系统软件，点击"实验模块"→"神经肌肉实验"→"连续单刺激对肌肉收缩和动作电位的影响"。

### 2. 坐骨神经-腓肠肌标本的制备

（1）破坏脑和脊髓

一手持蟾蜍，一手持金属探针在蟾蜍枕骨大孔凹陷处刺入椎管，向上插入颅腔并左右搅动，以彻底捣毁大脑中枢神经系统。然后将金属探针退至枕骨大孔皮下，将针尖朝下插入椎管中并上下移动捣毁脊髓。此时蟾蜍出现四肢松软、呼吸消失，表示蟾蜍的中枢神经系统已被完全破坏，否则重复上述操作。

（2）制备下肢标本

提起腰骶部脊柱，使蟾蜍的头及内脏自然下垂。用普通剪刀在骶髂关节之前剪断脊柱，沿脊柱两侧去除内脏及头胸部。用镊子夹住脊柱断端使其后肢自然下垂，向下剥去皮肤。于耻骨联合中央剪开两侧大腿，沿脊柱正中将标本剪开，并将下肢标本浸入任氏液中。

（3）游离坐骨神经

将标本背侧向下固定于蛙板上。用玻璃分针沿脊柱一侧游离坐骨神经腹腔段，用丝线结扎坐骨神经近脊柱处。然后将标本背侧向上固定，循股二头肌和半膜肌之间的坐骨神经沟分离坐骨神经。从脊柱根部剪断坐骨神经，用组织镊夹持结扎线将神经提起，剪断坐骨神经所有分支，将神经一直游离至腘窝处。

（4）游离腓肠肌

将游离干净的坐骨神经放置于腓肠肌上，在膝关节周围剪掉全部大腿肌肉，并剪断股骨。分离腓肠肌跟腱并穿线结扎，在结扎点远心端剪断跟腱，游离腓肠肌至膝关节处。沿膝关节将小腿其余部分剪断。这样就完成了具有附着在股骨上的腓肠肌并带支配腓肠肌的坐骨神经标本。

（5）检查标本的兴奋性

用浸有任氏液的锌铜弓迅速接触坐骨神经，如腓肠肌发生明显而灵敏的收缩，则表示标本的兴奋性良好。

### 3. 仪器及标本的连接

将刺激输出线和信号输入线连接至神经屏蔽盒。将标本的股骨残端固定于孔中，坐骨神经置于电极上。固定张力换能器，将跟腱上的丝线连接至应变片。

## 【观察项目】

1.逐渐增加刺激强度，观察动作电位和肌肉收缩变化（图2-13）。

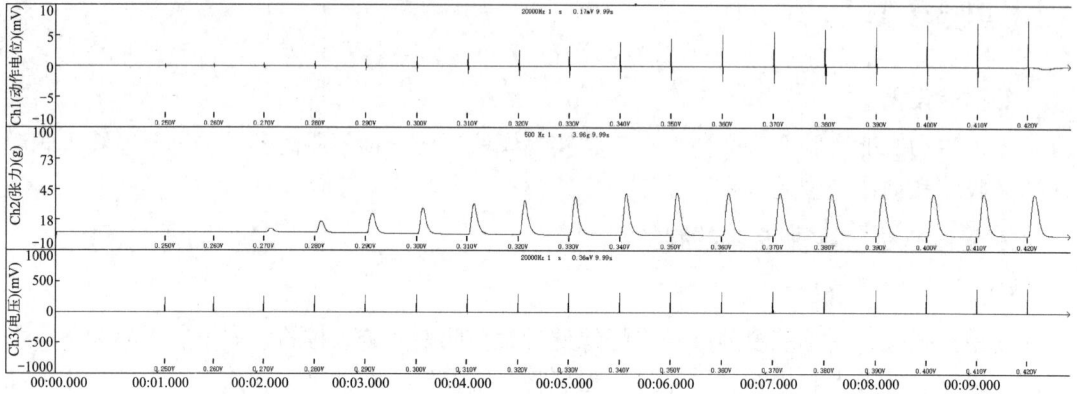

图2-13　神经干动作电位、肌肉张力和刺激强度的同步记录

2.以神经干动作电位为指标，确定阈值。

## 【注意事项】

1.分离神经干要用玻璃分针仔细分离，避免神经与金属接触，以减少神经损伤。
2.经常用任氏液湿润标本，保证标本的兴奋性。

## 【思考题】

1.阈刺激、阈下刺激、阈上刺激和最适刺激如何区分？
2.在阈刺激和最适刺激之间，为什么肌肉的收缩幅度随刺激强度增加而增加，但超过最适刺激后肌肉收缩幅度保持不变？

# 实验11　连续双脉冲刺激对肌肉收缩和动作电位的影响

## 【实验目的】

1.掌握神经-肌肉实验的电刺激方法及肌肉收缩的记录方法。

2. 学习坐骨神经-腓肠肌标本的制作方法。

3. 深入理解阈强度、阈刺激、阈上刺激等概念。

## 【实验原理】

兴奋性（excitability）是指机体的组织或细胞接受刺激发生反应的能力或特性，它是生命活动的基本特征之一。当机体、器官、组织或细胞受到刺激时，功能活动由弱变强或由相对静止变为比较活跃的反应过程或反应形式，称为兴奋（excitation）。生理学中，常将神经细胞、肌细胞和腺细胞这些能够产生动作电位的细胞称为可兴奋细胞（excitable cell）。

可兴奋细胞在接受一次刺激产生兴奋后，其兴奋性将发生周期性的改变，依次经过绝对不应期（absolute refractory period）、相对不应期（relative refractory period）、超常期（supranormal period）和低常期（subnormal period）。通过调节双脉冲刺激的时间间隔，使两个刺激间隔时间不断缩短，即可测出不应期的时间。

## 【实验对象】

蟾蜍的心脏、骨骼肌和神经在离体时，维持正常功能所需的条件很低，在一般实验室条件下容易达到。常用于神经生理、肌肉生理实验。

## 【实验器材与药品】

实验器材：BL-422I 集成化生物信号采集与分析系统、神经屏蔽盒、信号输入线、刺激 / 计滴线、蛙类手术器械（蛙板、玻璃板、普通剪刀、手术剪、组织镊、金属探针、玻璃分针、蛙足钉、丝线、滴管）、锌铜弓、培养皿、张力换能器。

实验药品：任氏液。

## 【实验步骤】

### 1. 实验设置

进入生物机能实验系统软件，点击"实验模块"→"神经肌肉实验"→"连续双脉冲刺激对肌肉收缩和动作电位的影响"。

### 2. 坐骨神经-腓肠肌标本的制备

（1）破坏脑和脊髓

一手持蟾蜍，一手持金属探针在蟾蜍枕骨大孔凹陷处刺入椎管，向上插入颅腔并左右搅动，以彻底捣毁大脑中枢神经系统。然后将金属探针退至枕骨大孔皮下，将针尖朝下插入椎管中并上下移动捣毁脊髓。此时蟾蜍出现四肢松软、呼吸消失，表示蟾蜍的中枢神经系统已被完全破坏，否则重复上述操作。

（2）制备下肢标本

提起腰骶部脊柱，使蟾蜍的头及内脏自然下垂。用普通剪刀在骶髂关节上方0.5～1cm处剪断脊柱，沿脊柱两侧去除内脏及头胸部。用镊子夹住脊柱断端使其后肢自然下垂，向下剥去皮肤。于耻骨联合中央剪开两侧大腿，沿脊柱正中将标本剪开，并将下肢标本浸入任氏液中。

（3）游离坐骨神经

将标本背侧向下固定于蛙板上。用玻璃分针沿脊柱一侧游离坐骨神经腹腔段、用丝线结扎坐骨神经近脊柱处。然后将标本背侧向上固定，循股二头肌和半膜肌之间的坐骨神经沟分离坐骨神经。从脊柱根部剪断坐骨神经，用组织镊夹持结扎线将神经提起，剪断坐骨神经所有分支，将神经一直游离至腘窝处。

（4）游离腓肠肌

将游离干净的坐骨神经放置于腓肠肌上，在膝关节周围剪掉全部大腿肌肉，并剪断股骨。分离腓肠肌跟腱并穿线结扎，在结扎点远心端剪断跟腱，游离腓肠肌至膝关节处。沿膝关节将小腿其余部分剪断。这样就完成了具有附着在股骨上的腓肠肌并带支配腓肠肌的坐骨神经标本。

（5）检查标本的兴奋性

用浸有任氏液的锌铜弓迅速接触坐骨神经，如腓肠肌发生明显而灵敏的收缩，则表示标本的兴奋性良好。

### 3.仪器及标本的连接

将刺激输出线和信号输入线连接至神经屏蔽盒。将标本的股骨残端固定于孔中，坐骨神经置于电极上。固定张力换能器，将跟腱上的丝线连接至应变片。

## 【观察项目】

逐渐缩短两次刺激的间隔，观察动作电位和肌肉收缩变化（图2-14）。

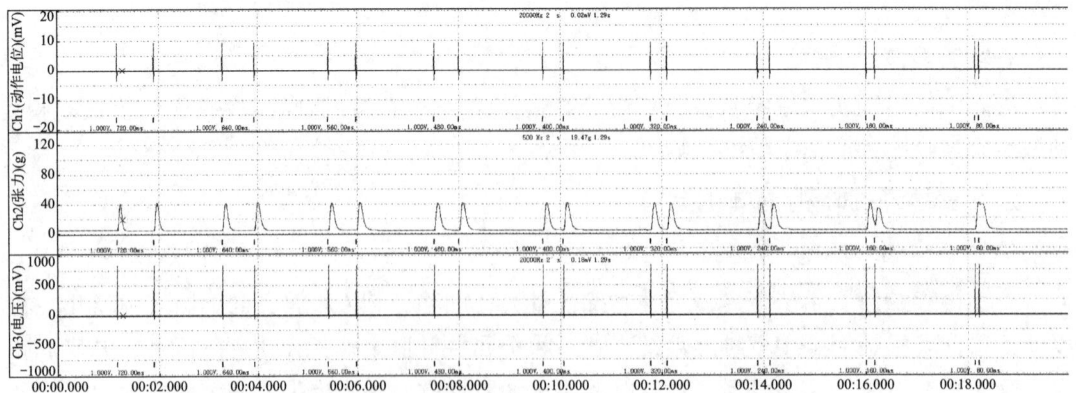

图2-14 神经干动作电位、肌肉张力和双脉冲刺激的同步记录

## 【注意事项】

1. 分离神经干要用玻璃分针仔细分离，避免神经与金属接触，以减少神经损伤。
2. 经常用任氏液湿润标本，保证标本的兴奋性。

## 【思考题】

1. 简述从神经纤维受到刺激至肌肉收缩的生理过程。
2. 当两个刺激脉冲的时间间隔逐渐缩短时，第二个肌肉收缩曲线如何变化？为什么？
3. 试述细胞兴奋后，兴奋性变化的原因。

# 实验12　连续串刺激对肌肉收缩和动作电位的影响

## 【实验目的】

1. 掌握神经-肌肉实验的电刺激方法及肌肉收缩的记录方法。
2. 学习坐骨神经-腓肠肌标本的制作方法。
3. 了解单收缩、不完全强直收缩、完全强直收缩的概念。

## 【实验原理】

当动作电位频率很低时，每次动作电位之后出现一次完整的收缩和舒张过程，这种收缩形式称为单收缩（twitch）。由于完成一次收缩过程需要的时间远长于动作电位的时间，故动作单位频率增加到一定程度时，后一动作电位所触发的收缩就可叠加于前一次收缩，产生收缩的总和。若后一刺激叠加在前一次收缩过程的舒张期内，所产生的收缩形式称为不完全强直收缩（incomplete tetanus）。若一次刺激叠加在前一次收缩的收缩期，所产生的收缩形式称为完全强直收缩（complete tetanus）。

在等长收缩条件下，完全强直收缩所产生的张力可达单收缩的 3～4 倍。这是因为肌细胞动作电位的高频发放能使胞质中 $Ca^{2+}$ 浓度持续升高，一方面可保证收缩蛋白的充分活化并产生最大张力，另一方面能有效克服肌肉组织的弹性缓冲而表达出稳定的最大收缩张力。在整体生理情况下，骨骼肌的收缩几乎都以完全强直收缩的形式进行，有利于完成各种躯体运动和对外界物体做功。

## 【实验对象】

蟾蜍的心脏、骨骼肌和神经在离体时，维持正常功能所需的条件很低，在一般实验室条件下容易达到。常用于神经生理、肌肉生理实验。

## 【实验器材与药品】

实验器材：BL-422I 集成化生物信号采集与分析系统、神经屏蔽盒、信号输入线、刺激 / 计滴线、蛙类手术器械（蛙板、玻璃板、普通剪刀、手术剪、组织镊、金属探针、玻璃分针、蛙足钉、丝线、滴管）、锌铜弓、培养皿、张力换能器。

实验药品：任氏液。

## 【实验步骤】

### 1. 实验设置

进入生物机能实验系统软件，点击"实验模块"→"神经肌肉实验"→"连续串刺激对肌肉收缩和动作电位的影响"实验项。

### 2. 坐骨神经-腓肠肌标本的制备

（1）破坏脑和脊髓

一手持蟾蜍，一手持金属探针在蟾蜍枕骨大孔凹陷处刺入椎管，向上插入颅腔并左右搅动，以彻底捣毁大脑中枢神经系统。然后将金属探针退至枕骨大孔皮下，将针尖朝下插入椎管中并上下移动捣毁脊髓。此时蟾蜍出现四肢松软、呼吸消失，表示蟾蜍的中枢神经系统已被完全破坏，否则重复上述操作。

（2）制备下肢标本

提起腰骶部脊柱，使蟾蜍的头及内脏自然下垂。用普通剪刀在骶髂关节之前剪断脊柱，沿脊柱两侧去除内脏及头胸部。用镊子夹住脊柱断端使其后肢自然下垂，向下剥去皮肤。于耻骨联合中央剪开两侧大腿，沿脊柱正中将标本剪开，并将下肢标本浸入任氏液中。

（3）游离坐骨神经

将标本背侧向下固定于蛙板上。用玻璃分针沿脊柱一侧游离坐骨神经腹腔段，用丝线结扎坐骨神经近脊柱处。然后将标本背侧向上固定，循股二头肌和半膜肌之间的坐骨神经沟分离坐骨神经。从脊柱根部剪断坐骨神经，用组织镊夹持结扎线将神经提起，剪断坐骨神经所有分支，将神经一直游离至腘窝处。

（4）游离腓肠肌

将游离干净的坐骨神经放置于腓肠肌上，在膝关节周围剪掉全部大腿肌肉，并剪断股骨。分离腓肠肌跟腱并穿线结扎，在结扎点远心端剪断跟腱，游离腓肠肌至膝关节处。沿膝关节将小腿其余部分剪断。这样就完成了具有附着在股骨上的腓肠肌并带支配腓肠肌的坐骨神经标本。

（5）检查标本的兴奋性

用浸有任氏液的锌铜弓迅速接触坐骨神经，如腓肠肌发生明显而灵敏的收缩，则表示标本的兴奋性良好。

### 3.仪器及标本的连接

将刺激输出线和信号输入线连接至神经屏蔽盒。将标本的股骨残端固定于孔中，坐骨神经置于电极上。固定张力换能器，将跟腱上的丝线连接至应变片。

## 【观察项目】

以不同频率刺激的电刺激作用于坐骨神经，记录肌肉的单收缩、不完全强直收缩、完全强直收缩曲线，并观察动作电位的变化（图2-15）。

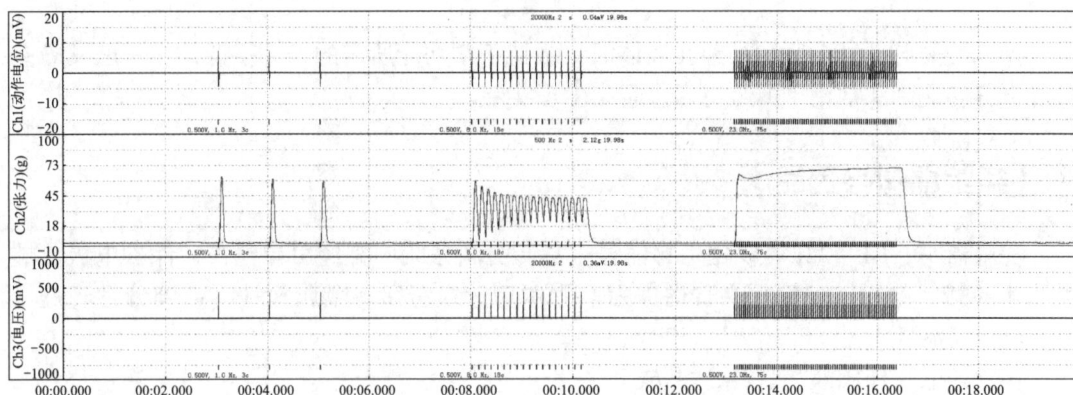

图2-15　神经干动作电位、肌肉张力和串刺激的同步记录

## 【注意事项】

1.分离神经干要用玻璃分针仔细分离，避免神经与金属接触，以减少神经损伤。
2.经常用任氏液湿润标本，保证标本的兴奋性。

## 【思考题】

1.分析不完全/完全强直收缩的条件与机制。
2.肌肉收缩由于刺激频率的增加而融合，那么引起肌肉收缩的动作电位会融合吗？为什么？
3.电刺激坐骨神经-腓肠肌标本的神经后，经过哪些过程引起腓肠肌收缩？

# 实验13　蟾蜍背根电位

## 【实验目的】

1.学习引导蟾蜍背根电位的方法。

2.观察蟾蜍背根电位的波形特点，理解其生理意义。

## 【实验原理】

当以单脉冲刺激感觉传入神经时，在相应脊髓节段的背根上可记录出一系列电位变化：先是一个锋电位，其后一个持续时间较长的负向波，称为背根电位（dorsal root potential）。背根电位具有电紧张性质，可随引导距离的增加而呈电紧张性衰减，有时间性及空间性总和。

## 【实验对象】

蟾蜍的心脏、骨骼肌和神经在离体时，维持正常功能所需的条件很低，在一般实验室条件下容易达到。常用于神经生理、肌肉生理实验。

## 【实验器材与药品】

实验器材：BL-422I 集成化生物信号采集与分析系统、神经引导电极、保护电极、蛙类手术器械（蛙板、玻璃板、普通剪刀、手术剪、组织镊、金属探针、玻璃分针、蛙足钉、丝线、滴管）。

实验药品：任氏液、箭毒、氯仿。

## 【实验步骤】

### 1.实验设置

进入生物机能实验系统软件，点击"实验模块"→"神经肌肉实验"→"背根电位"实验项。

### 2.麻醉与固定

以氯仿麻醉动物并注入适量箭毒制动，将蟾蜍俯卧位固定在蛙板上。

### 3.分离坐骨神经

切开一侧大腿皮肤，于股二头肌与半膜肌之间分离坐骨神经，并在神经下穿线备用。

### 4.暴露背根

在蟾蜍腰膨大部位，沿正中线切开皮肤和骨骼肌，用咬骨钳剪开第4节椎板，切开硬脊膜，暴露背根，以液体石蜡棉球将暴露的神经覆盖，避免干燥。

### 5.仪器及标本的连接

将神经引导电极钩在暴露的神经上，将鳄鱼夹夹在伤口处，保护电极置于坐骨神经上。

## 【观察项目】

以单刺激形式刺激坐骨神经，刺激强度从小逐渐增大，观察背根电位开始出现的阈值。再继续调整刺激强度，观察背根电位的波幅变化。

## 【注意事项】

1.手术时要注意保护脊髓和背根神经，防止神经及血管损伤。
2.选择刺激强度和持续时间时，应由小至大逐步增加，不宜过强、过久。

## 【思考题】

1.什么是背根电位？
2.刺激强度不同时，背根电位有何变化？

# 第三章

# 血液系统实验

## 实验1 影响血液凝固的因素

### 【实验目的】

1. 学习家兔麻醉和颈动脉采血的方法。
2. 通过测定不同条件下的凝血时间，观察影响血液凝固的因素。
3. 加深对血液凝固基本过程的理解和血液凝固对机体保护作用的认识。

### 【实验原理】

血液凝固（blood coagulation）是指血液由流动的液体状态变成不能流动的凝胶状态的过程，其实质是血浆中的可溶性纤维蛋白原转成不溶性的纤维蛋白，并交织成网，把血细胞和血液中的其他成分网罗在内，从而形成血凝块（图3-1）。

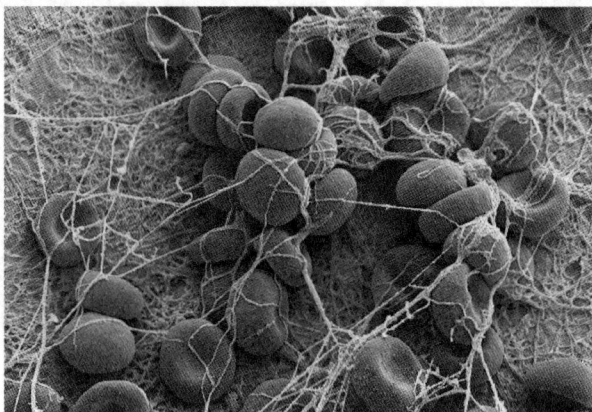

图3-1 被纤维蛋白包裹的红细胞

　　血浆与组织中直接参与血液凝固的物质统称为凝血因子（coagulation factor），目前已知的凝血因子主要有 14 种，其中已按国际命名法按发现的先后顺序用罗马数字编号的有 12 种，即凝血因子Ⅰ～ⅩⅢ（简称 FⅠ～FⅩⅢ），此外还有前激肽释放酶、高分子激肽原等。

　　这些凝血因子中，除 FⅣ是 $Ca^{2+}$ 外，其余均为蛋白质或蛋白质酶。正常情况下这些蛋白质酶是以无活性的酶原形式存在的，必须通过其他酶的水解后才具有酶活性，这一过程称为凝血因子的激活。习惯上在凝血因子代号的右下角加一个"a"表示其活化型，如 FⅡ被激活为 FⅡa。

　　血液凝固的过程（图 3-2）包括凝血酶原复合物形成、凝血酶激活和纤维蛋白生成三个基本步骤。

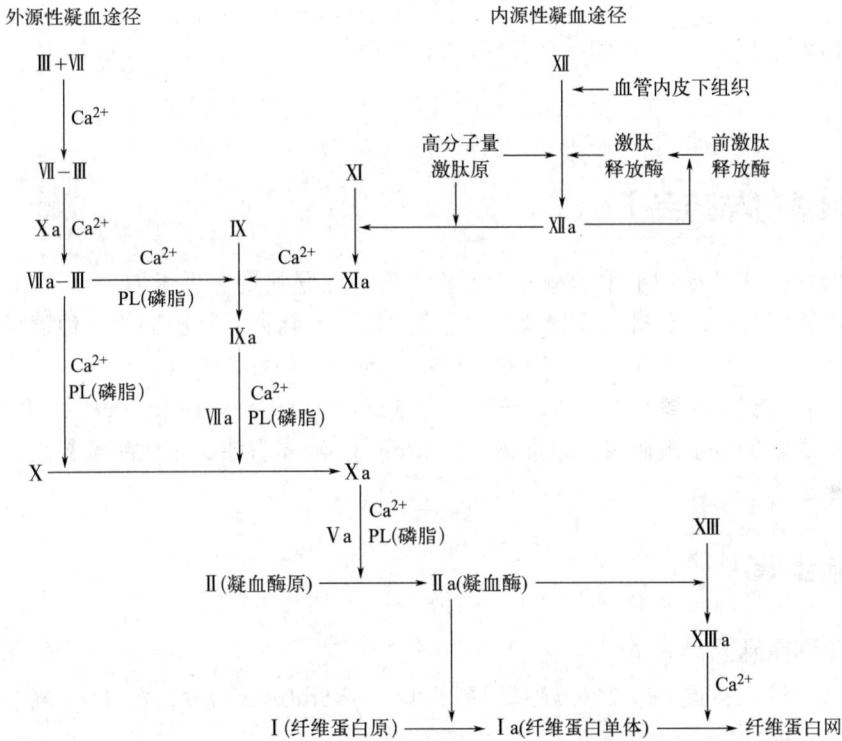

图3-2　凝血过程示意图

　　凝血酶原复合物可以通过内源性或外源性凝血途径生成，这两条途径的主要区别在于启动方式和参与的凝血因子不同（表 3-1）。但两条途径中的某些凝血因子可以相互激活，二者联系密切，并不各自独立。

表3-1　内源性凝血与外源性凝血

| | 内源性凝血 | 外源性凝血 |
|---|---|---|
| 定义 | 参与的凝血因子全部来自血液，通常因血液与带负电荷的异物表面接触而启动 | 来自血液之外的组织因子（TF）暴露于血液而启动 |
| X的激活 | IXa-VIIIa-$Ca^{2+}$复合物 | III-VII-$Ca^{2+}$复合物 |
| 参与凝血因子数量 | 多 | 少 |
| 凝血速度 | 慢 | 快 |

临床工作中常常需要采取各种措施使血液不发生凝固，或加速血液凝固。在外科手术中经常会用蘸有温热生理盐水的棉花或者纱布来压迫伤口进行止血，因为纱布（异物）能够激活凝血因子和血小板，从而加快凝血。而温热的生理盐水可以提高温度。适当的加温可以加速酶促反应，从而起到加快凝血的作用。反之，降低温度和增加异物表面光滑程度（如涂有硅胶或石蜡的表面）可以延缓凝血过程。

此外，血液凝固的多个环节都需要 $Ca^{2+}$ 参与，故常用枸橼酸钠、草酸钾拮抗血浆中的钙离子，从而延缓凝血。维生素 K 拮抗剂如华法林，可以抑制 VK 依赖性凝血因子的合成，在体内具有抗凝作用。肝素通过增加抗凝血酶的活性来起到延缓凝血的作用，在体内、体外均能立即发挥抗凝作用。

## 【实验对象】

家兔。

## 【实验器材与药品】

实验器材：哺乳动物手术器械（手术剪、弯剪、眼科剪、手术刀、组织镊、眼科镊、止血钳、组织钳、玻璃分针、动脉夹）、气管插管、动脉夹、动脉插管、恒温兔台、恒温水浴槽、清洁小试管、试管架、计时器、棉花、滴管、烧杯、竹签。

实验试剂：20% 氨基甲酸乙酯、肝素、兔脑悬液、0.018%$CaCl_2$、0.9% 氯化钠注射液、富血小板血浆、少血小板血浆、草酸钾（1～2mg）、液体石蜡、凝血酶稀释液、50% 枸橼酸钠溶液。

## 【实验步骤】

### 1. 家兔称重麻醉

取家兔一只，称重。以 20% 氨基甲酸乙酯，按 5mL/kg 的量，由耳缘静脉注射麻醉。

### 2. 气管插管

将麻醉兔仰卧位固定在兔台上，剪去颈部的被毛，在其颈中线从甲状软骨下到胸骨上缘作长度为 5～8cm 的切口。用止血钳纵向钝性分离皮下组织，可见胸骨舌骨肌；沿左、右两侧胸骨舌骨肌肌间隙分离骨骼肌，并将两条肌束向两外侧牵拉，充分暴露气管；用止血钳将气管与背侧结缔组织和食管分离，游离气管，气管下穿线备用。用手术剪于甲状软骨下 3～4 软骨环处作一横切口，再向头端作一纵行切口，使之呈倒 "T" 形，切口不宜过大或过小。将气管插管从切口进入，用备用的线结扎导管，并固定在气管插管分叉处，以防导管滑脱。如气管内有出血或分泌物，可用棉签由切口处伸入气管插管，并向胸腔方向行进至气管腔内将其擦净，如仍有出血，可用棉签蘸少许 0.1% 去甲肾上腺素同上法进入气管，涂抹气管内壁以止血。

### 3. 动脉插管

暴露一侧颈动脉鞘，用止血钳从鞘内分离出颈总动脉，游离出长 2～3 cm 的颈总动脉，尽可能向远心端游离。在动脉下穿两根线，用其中一根结扎远心端，用动脉夹夹住近心端。用眼科剪在靠近结扎处剪一 "V" 形切口，把动脉插管插入近心端，用丝线结扎、固定。

### 4.抗凝全血制备

松开动脉夹，用小烧杯或试管接取血液，以 50% 枸橼酸抗凝（100mL 全血加 2mL 50% 枸橼酸钠）。

## 【观察项目】

### 1.纤维蛋白原在凝血过程中的作用

取干净试管 2 支，分别加入 3mL 全血。第一管静置，第二管用竹签搅动 2min，观察竹签上是否有纤维蛋白，观察各管内血液是否凝固。

### 2.凝血酶凝固时间的测定

取少量血小板血浆 0.2mL，迅速加入稀释的凝血酶溶液 0.2mL，加入 2～3 滴，立即摇匀后开始秒表计时，置于 37℃ 水中不断倾斜试管，观察并记录血凝开始出现的时间，即 "凝血酶凝固时间"。

### 3.内源性和外源性凝血系统的观察

取干净试管 3 支，按下表加入溶液，立即摇匀并开始计时，每 15s 倾斜试管一次，分别记录 3 支试管的血浆凝固时间（表 3-2）。

表3-2 内源性和外源性凝血系统的观察

|  | 第一管 | 第二管 | 第三管 |
| --- | --- | --- | --- |
| 富血小板血浆 | 0.2mL | / | / |
| 少血小板血浆 | / | 0.2mL | 0.2mL |
| 0.9%氯化钠注射液 | 0.2mL | 0.2mL | / |
| 兔脑悬液 | / | / | 0.2mL |
| 0.18mol/L CaCl$_2$ | 0.2mL | 0.2mL | 0.2mL |
| 血浆凝固时间 |  |  |  |

### 4.血液凝固的加速和延缓

取干净小试管 6 支，按下表加入溶液，立即摇匀并开始计时，每 15s 倾斜试管一次，分别记录血浆凝固时间（表 3-3）。

表3-3 影响血液凝固的因素

| 实验条件 | | 凝血时间 |
| --- | --- | --- |
| 试管1 | — | |
| 试管2 | 试管内放少许棉花 | |
| 试管3 | 试管内涂液体石蜡 | |
| 试管4 | 试管置于冰水 | 每支试管均加入 抗凝血1mL+0.18mol/L CaCl$_2$ 1～2滴 |
| 试管5 | 加入肝素8单位 | |
| 试管6 | 加入草酸钾1mg～2mg | |

## 【注意事项】

1. 实验用的所有试管必须标记清楚，以免混淆。
2. 实验必须严格按照操作要求进行，准确计时。
3. 实验中所使用的试管和动脉插管必须清洁、干燥。

## 【思考题】

1. 血液凝固过程有哪几个基本步骤？
2. 试比较内源性和外源性凝血过程有何异同？
3. 抗凝血复钙后再分别加肝素和草酸钾后是否发生凝固？
4. 试分析引起血液凝固加速或延缓的原因有哪些？

# 实验2　红细胞渗透脆性实验

## 【实验目的】

1. 直接观察兔红细胞对低渗压的抵抗力。
2. 了解红细胞渗透脆性的测定方法。
3. 加深对血细胞外液渗透张力在维持红细胞正常形态与功能重要性方面的理解。

## 【实验原理】

红细胞在等渗的生理盐水中可保持正常大小和形态。若将红细胞置于低渗盐溶液中，由于细胞内外渗透压的差异，红细胞体积会因水分渗入而膨胀，当体积增加到45%~60%时，细胞膜则破裂发生溶血（hemolysis）。红细胞在低渗溶液中发生膨胀破裂的特性，称为红细胞的渗透脆性（图3-3）。

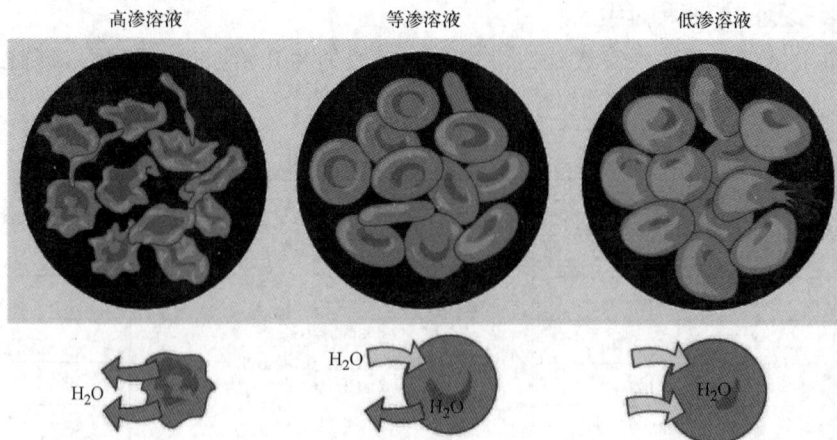

图3-3　红细胞在不同渗透压溶液中形态

正常红细胞在 0.42% NaCl 溶液中开始出现红细胞破裂，在 0.35% NaCl 溶液中全部破裂，这表明红细胞对低渗盐溶液有一定的抵抗力。

红细胞对低渗溶液的抵抗力可以用 NaCl 溶液的浓度高低来表示。将血液滴入不同浓度的 NaCl 溶液中，开始出现溶血现象时，NaCl 溶液的浓度即为最小抵抗力，完全溶血时的浓度为最大抵抗力。

## 【实验对象】

家兔。

## 【实验器材与药品】

实验器材：哺乳动物手术器械（手术剪、弯剪、眼科剪、手术刀、组织镊、眼科镊、止血钳、组织钳、玻璃分针、动脉夹）、气管插管、动脉夹、动脉插管、恒温兔台、清洁小试管 10 支、试管架、烧杯、2mL 吸管、注射器。

实验试剂：20% 氨基甲酸乙酯、1% 肝素、1% 氯化钠溶液、蒸馏水。

## 【实验步骤】

### 1. 家兔称重麻醉

取家兔一只，称重。以 20% 氨基甲酸乙酯，按每千克体重 5mL 的量，由耳缘静脉注射麻醉。

### 2. 气管插管

将麻醉兔仰卧位固定在兔台上，剪去颈部的被毛，在其颈中线从甲状软骨下到胸骨上缘作长度为 5～8cm 的切口。用止血钳纵向钝性分离皮下组织，可见胸骨舌骨肌；沿左、右两侧胸骨舌骨肌肌间隙分离骨骼肌，并将两条肌束向两外侧牵拉，充分暴露气管；用止血钳将气管与背侧结缔组织和食管分离，游离气管，气管下穿线备用。用手术剪于甲状软骨下 3～4 软骨环处作一横切口，再向头端作一纵行切口，使之呈倒 "T" 形，切口不宜过大或过小。将气管插管从切口进入，用备用的线结扎导管，并固定在气管插管分叉处，以防导管滑脱。如气管内有出血或分泌物，可用棉签由切口处伸入气管插管，并向胸腔方向行进至气管腔内将其擦净，如仍有出血，可用棉签蘸少许 0.1% 去甲肾上腺素同上法进入气管，涂抹气管内壁以止血。

### 3. 动脉插管

暴露一侧颈动脉鞘，用止血钳从鞘内分离出颈总动脉，游离出长 2～3 cm 的颈总动脉，尽可能向远心端游离。在动脉下穿两根线，用其中一根结扎远心端，用动脉夹夹住其近心端。用眼科剪在靠远心端结扎处的动脉上剪一 "V" 形切口，把动脉插管插入近心端，插管时斜面向上，用备用丝线扎紧插入血管的动脉插管，并将剩余线在动脉插管上结扎、固定，以拉住插管防止其滑脱。

### 4. 抗凝全血制备

松开动脉夹，用小烧杯或试管接取血液，接取家兔全血 10 mL 即可。并加入 1% 肝素，防止血液凝固。

### 5. 低渗盐溶液制备

取 10 支干净试管并做好标记，按下表在各管中分别加入 1%NaCl 和蒸馏水，得到不同浓度的低渗盐溶液（表 3-4）。

表3-4　不同含量低渗盐溶液的配制

|  | 1 | 2 | 3 | 4 | 5 | 6 | 7 | 8 | 9 | 10 |
|---|---|---|---|---|---|---|---|---|---|---|
| 1%NaCl（mL） | 1.40 | 1.30 | 1.20 | 1.10 | 1.00 | 0.90 | 0.80 | 0.70 | 0.60 | 0.50 |
| 蒸馏水（mL） | 0.60 | 0.70 | 0.80 | 0.90 | 1.00 | 1.10 | 1.20 | 1.30 | 1.40 | 1.50 |
| NaCl含量（%） | 0.70 | 0.65 | 0.60 | 0.55 | 0.50 | 0.45 | 0.40 | 0.35 | 0.30 | 0.25 |

## 【观察项目】

在每支试管中加入 1 滴预先备好的抗凝血，轻轻颠倒混匀，切勿用力振荡，避免人为溶血。室温下静置 1h 后观察各管混合液的颜色。

1. 试管内液体完全为透明红色，表明红细胞完全破裂，称为完全溶血。该盐溶液的浓度代表红细胞对低渗压的最大抵抗力，即红细胞的最小脆性。

2. 试管内液体下层为浑浊红色，上层为透明红色，表示部分红细胞被破坏，称为不完全溶血。最早出现部分溶血现象的盐溶液浓度为红细胞对低渗压的最小抵抗力，即红细胞的最大脆性。

3. 试管内液体下层为浑浊红色，上层为无色或极淡红色，表明红细胞未发生破裂溶血。

## 【注意事项】

1. 不同浓度的低渗盐溶液的制备应准确，以免造成低渗盐溶液浓度误差过大。
2. 仔细观察，正确判定开始出现溶血的盐溶液浓度。
3. 试管必须清洁干燥。
4. 滴加血液后切勿用力振荡试管，以免造成人为的溶血。

## 【思考题】

1. 红细胞渗透脆性的大小与红细胞膜的哪些特性有关？
2. 影响红细胞对低渗压抵抗力的因素有哪些？
3. 红细胞是否可以在1.9%的等渗尿素溶液中保持正常形态，为什么？

# 实验3　ABO血型鉴定

## 【实验目的】

1. 学习采用标准血清鉴定ABO血型的方法。
2. 观察红细胞凝集现象。
3. 加深对鉴定ABO血型重要性和输血安全性的认识。

## 【实验原理】

血型（blood group）通常是指红细胞膜上特异性抗原的类型。ABO血型系统和Rh血型系统与临床关系最为密切。

ABO血型是根据红细胞膜上是否存在A抗原和B抗原分为4种血型：红细胞膜上只含A抗原者为A型，只含B抗原者为B型；两种抗原均无者为O型，两种抗原均有者为AB型（图3-4）。

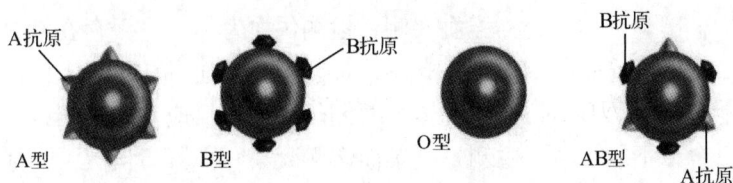

图3-4　ABO血型与红细胞膜抗体种类

不同血型的人血清中含有不同抗体，但不含与自身红细胞抗原相对应的抗体。

ABO血型系统鉴定的依据是抗原-抗体反应原理。当红细胞膜上的A抗原和抗A抗体、B抗原和抗B抗体相结合时，会发生红细胞凝集反应（agglutination）（图3-5）。

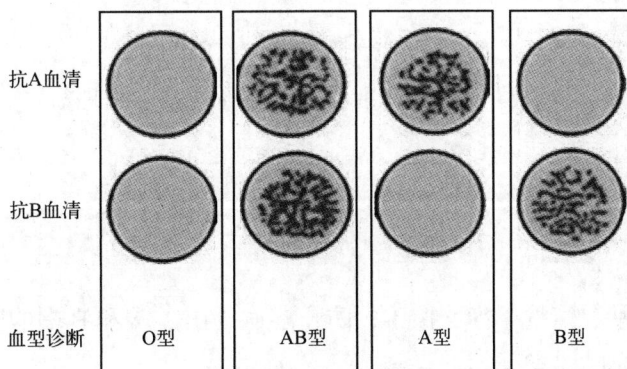

图3-5　ABO血型鉴定

87

正确鉴定血型是保证输血安全的基础。常规 ABO 血型的定型包括正向定型和反向定型。

正向定型使用抗 A 与抗 B 抗体来检测红细胞上有无 A、B 抗原。反向定型是用已知血型的红细胞检测血清中有无抗 A 或抗 B 抗体（表 3-5）。

表3-5　红细胞常规ABO定型

| 血型 | 正向定型 | | | 反向定型 | | |
|---|---|---|---|---|---|---|
| | B型血清（抗A） | A型血清（抗B） | O型血清（抗A、抗B） | A型红细胞 | B型红细胞 | O型红细胞 |
| O | − | − | − | + | + | − |
| A | + | − | + | − | + | − |
| B | − | + | + | − | − | − |
| AB | + | + | + | − | − | − |

为了保证输血安全，即使供血者和受血者 ABO 血型鉴定相合也必须在输血前做交叉配血实验（cross-match test）。把供血者的红细胞与受血者的血清进行配合试验，称为交叉配血主侧，检测受血者体内是否存在针对供血者红细胞的抗体；再将受血者的红细胞与供血者的血清做配合试验，称为交叉配血次侧，检测供血者体内是否存在针对受血者红细胞的抗体。这样，既可检验血型鉴定是否有误，又能发现供血者和受血者的红细胞或血清中是否还存在其他不相容的血型抗原或抗体。两侧均无凝集反应为配血相合，可以输血；主侧凝集为配血不合，不能输血；主侧不凝集而次侧凝集，在紧急情况下只能少量输血，并密切观察有无输血反应。

## 【实验对象】

健康成人。

## 【实验器材与药品】

实验器材：双凹玻片、采血针、显微镜、滴管、消毒棉球。
实验试剂：抗 A 标准血清、抗 B 标准血清、75% 酒精、生理盐水。

## 【实验步骤】

### 1. 准备

取双凹玻片一块，清洗干净、擦干，防止溶血。在 A 端和 B 端的凹面中分别滴上相应抗 A 和抗 B 标准血清少许。

### 2. 采血

受试者指端消毒，用采血针刺破指端。用滴管吸取受试者少量血液，用0.5mL的0.9%

氯化钠溶液稀释。

### 3. 混合

用消毒后的滴管吸取少量稀释血液，分别滴入 A、B 端凹面，与标准血清混合，放置 1～2min。

### 4. 观察

显微镜下观察血液凝集情况，判断血型。

## 【观察项目】

根据血液凝集情况，判断受试者血型为 A 型、B 型、O 型还是 AB 型。

## 【注意事项】

1. 指端、采血针和尖头滴管务必做好消毒准备。使用过的物品均应放入污物桶，不得再在采血部位采血。

2. 每次滴加标本或试剂时应更换滴管，切不可交叉使用，以免干扰结果。

3. 肉眼观察结果后，再用显微镜观察，记录应准确无误。

4. 玻片操作中应防止标本外溢。

## 【思考题】

1. ABO血型鉴定实验有何临床意义？

2. O型血是否可以作为万能血大量快速输给受血者，为什么？

3. 孕妇和需要反复输血的患者在输血前除了需要鉴定ABO血型，还需要鉴定Rh血型，为什么？

# 第四章

# 循环系统实验

▲ ▲ ▲ ▲ ▲ ▲

## 实验1　家兔减压神经放电与颈动脉血压的同步记录

### 【实验目的】

1. 学习动脉血压的直接描记方法。
2. 学习外周神经复合动作电位的记录方法。
3. 通过实验，观察家兔在体减压神经传入冲动的发放与颈动脉血压变化之间的关系。

### 【实验原理】

当动脉血压突然升高时，可引起压力感受性反射（baroreceptor reflex），使心率减慢、心输出量减小、血管舒张和外周阻力降低，因此血压下降，故又称为减压反射（depressor reflex）。

减压反射具有以下几大特点：①减压反射是一种负反馈调节，血压升高时，反射活动加强，引起降压效应；血压下降时，反射活动减弱甚至停止，促使血压回升。②对血压的快速变化起缓冲作用，对血压的缓慢变化敏感性较低，不能有效阻止血压持续、缓慢地升高。③血压在正常范围内波动时，减压反射最为敏感。④如果动脉血压缓慢、持续增高，减压反射的调定点上移，称为减压反射的重调定。

减压反射的感受器为位于主动脉弓和颈动脉窦的压力感受器（baroreceptor）。在一定范围内，压力感受器的传入冲动频率与动脉管壁扩张程度呈正比，因而传入神经的冲动发放频率可随心动周期中动脉血压的波动而发生相应变化。

颈动脉窦压力感受器的传入神经纤维组成窦神经，加入舌咽神经后进入延髓。主动脉弓压力感受器的传入神经行走于迷走神经干内，并随之进入延髓。而家兔的主动脉弓压力感受器传入纤维在颈部单独成束，与迷走神经伴行，称为减压神经。便于实验中分离及记录神经放电活动（图4-1）。

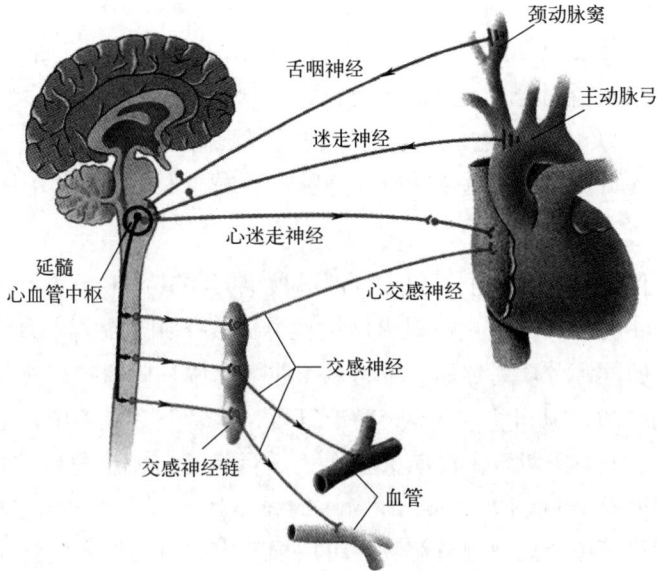

图4-1　减压反射

## 【实验对象】

家兔的减压神经在颈部自成一束，容易分离，故可用于减压神经放电的相关实验。

## 【实验器材与药品】

实验器材：BL-422I集成化生物信号采集与分析系统、哺乳动物手术器械（手术剪、弯剪、眼科剪、手术刀、组织镊、眼科镊、止血钳、组织钳、玻璃分针、动脉夹）、神经引导电极、二维定位支架、压力换能器、气管插管、动脉插管、JR-20恒温加热兔台、注射器、丝线、纱布、棉球。

实验药品：生理盐水、20%氨基甲酸乙酯、0.001%乙酰胆碱、0.01%肾上腺素、肝素。

## 【实验步骤】

### 1. 实验设置

进入生物机能实验系统软件，点击"实验模块"→"循环系统实验"→"减压神经放电与颈动脉血压同步记录"。

### 2. 准备压力换能器

将两个三通开关分别连接在压力换能器的两个接口上，动脉插管与其中的正面接口相连，将肝素溶液充灌于换能器腔体和动脉插管内，确保排出所有气体。

### 3. 家兔称重麻醉

取家兔一只，称重。以 20% 氨基甲酸乙酯，按每千克体重 5mL 的量，由耳缘静脉注射麻醉。注射时，将家兔固定，特别注意使兔头不能随意活动。拔去耳缘静脉被毛，轻揉耳缘，使静脉充分扩张。一手食指、中指夹住耳缘静脉近心端，拇指、无名指固定末端，使其被拉直。另一手持注射器由远心端刺入静脉，缓慢注入药液。

### 4. 气管插管

将麻醉兔仰卧位固定在兔台上，剪去颈部的被毛，在其颈中线从甲状软骨下到胸骨上缘作长度为 5～8cm 的切口。用止血钳纵向钝性分离皮下组织，可见胸骨舌骨肌；沿左、右两侧胸骨舌骨肌肌间隙分离骨骼肌，并将两条肌束向两外侧牵拉，充分暴露气管；用止血钳将气管与背侧结缔组织和食管分离，游离气管，气管下穿线备用。用手术剪于甲状软骨下 3～4 软骨环处作一横切口，再向头端作一纵行切口，使之呈倒 "T" 形，切口不宜过大或过小。将气管插管从切口进入，用备用的线结扎导管，并固定在气管插管分叉处，以防导管滑脱。如气管内有出血或分泌物，可用棉签由切口处伸入气管插管，并向胸腔方向行进至气管腔内将其擦净，如仍有出血，可用棉签蘸少许 0.1% 去甲肾上腺素同上法进入气管，涂抹气管内壁以止血。

### 5. 分离神经

用拇指、食指捏住颈部皮肤切口和部分肌肉向外侧牵拉，用中指和无名指将皮肤顶起，以暴露颈总动脉鞘。鞘内共有三根神经，分别为交感神经、迷走神经、减压神经。其中迷走神经最粗，呈亮白色，交感神经次之，减压神经最细（图 4-2）。用玻璃分针小心分离减压神经，穿线备用，并在神经上滴加 37℃ 液体石蜡以防干燥。

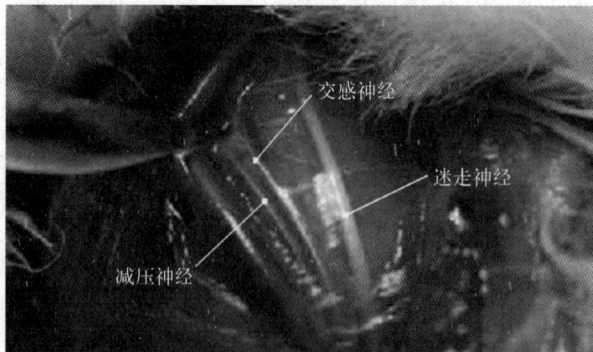

图4-2　神经分离示意图

### 6. 动脉插管

暴露一侧颈动脉鞘，用止血钳从鞘内分离出颈总动脉，游离出长 2～3 cm 的颈总动脉，尽可能向远心端游离。在动脉下穿两根线，用其中一根结扎远心端，用动脉夹夹住近心端。用眼科剪在靠近结扎处剪一"V"形切口，把动脉插管向近心端插入，用丝线结扎、固定。

**7. 连接神经引导电极**

将神经引导电极通过二维定位支架固定。将减压神经钩在神经引导电极上，接地电极夹在颈部伤口处。调节引导电极高度使其悬空，不可触及周围组织。记录减压神经放电。

## 【观察项目】

1. 观察减压神经放电波形，注意观察神经放电与动脉血压间的同步关系（图4-3）。

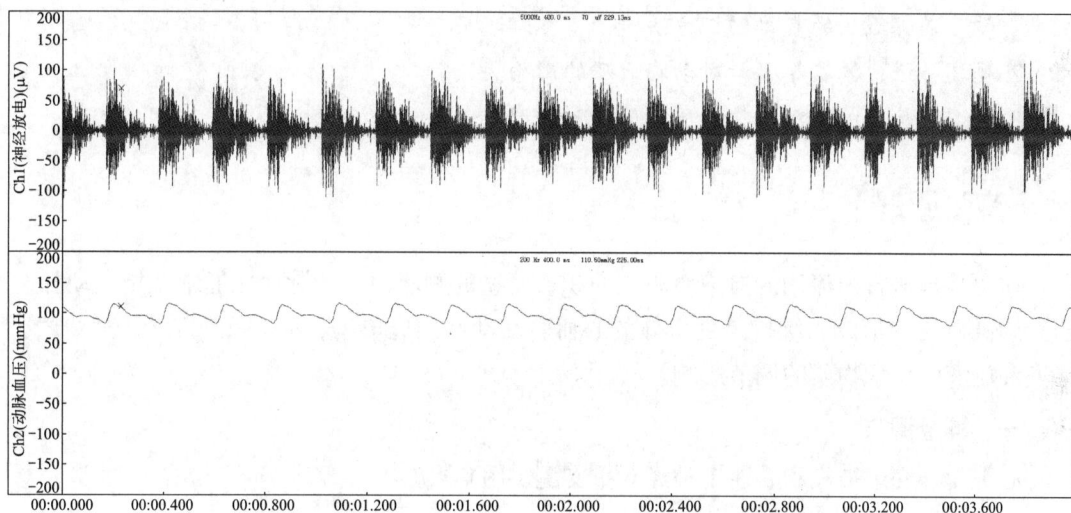

图4-3　减压神经放电与颈总动脉血压同步记录

2. 耳缘静脉注射 0.001% 乙酰胆碱 0.3mL，观察减压神经放电和动脉血压的变化及两者之间的关系。

3. 待血压恢复正常后，耳缘静脉注射 0.01% 去甲肾上腺素 0.5mL，注意观察动脉血压上升过程中减压神经放电的变化。

4. 切断减压神经，分别记录其中枢端和外周端的放电，观察两者有何变化。

## 【注意事项】

1. 实验过程中应注意观察动物的状态，如呼吸、肢体运动等。
2. 麻醉不宜太浅，以免动物挣扎产生肌电干扰或拉伤神经。
3. 在血管插管前必须保证动脉插管已充满肝素 - 生理盐水溶液。
4. 实验过程中注意减压神经的保温、保湿。

## 【思考题】

1. 当动脉血压升高或降低时，减压神经放电有何变化？
2. 当血压突然降低，机体如何调节使血压恢复正常？
3. 在维持血压的相对稳定中，减压反射有何作用？

# 实验2　家兔动脉血压调节

## 【实验目的】

1. 学习动脉血压的直接描记方法。
2. 观察神经、体液等因素对动物血压的影响。
3. 通过实验，加深对动脉血压调节机制的理解。

## 【实验原理】

血压是指血管内流动的血液对单位面积血管壁的侧压力。动脉血压通常是指主动脉血压。动脉血压的形成和维持是由机体的心血管活动共同完成的，而心血管活动又受神经、体液和血液中化学物质的调节影响。

### 一、神经调节

心脏受心交感神经和心迷走神经双重支配（图4-4）。

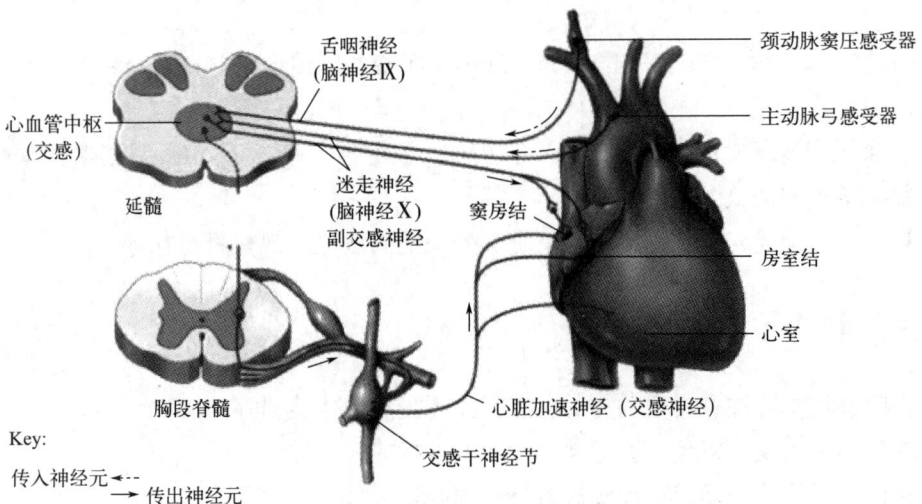

图4-4　心脏的神经支配

心交感神经兴奋增强心脏的活动，使心跳加快、房室传导加快、收缩力加强，从而使心输出量增加、动脉血压升高。心迷走神经兴奋则抑制心脏的活动，使心率减慢、房室传导减慢、收缩力减弱，从而使心输出量减少、动脉血压下降。

支配血管的神经纤维分为缩血管神经纤维和舒血管神经纤维。大多数血管只接受交感缩血管神经纤维的支配。在安静状态下，交感缩血管纤维持续发放约 1～3 次 / 秒的低频冲动，称为交感缩血管紧张（sympathetic vasoconstrictor tone），使血管平滑肌保持一定的程度的收缩状态。

神经调节还可通过多种心血管反射实现，其中最重要的是颈动脉窦和主动脉弓压力感受性反射，即减压反射。该反射可在短时间内快速调节动脉血压，维持动脉血压相对稳定。

### 二、体液调节

心血管活动的体液调节包括全身性和局部性的众多调节因子，其中重要的有肾素 - 血管紧张素系统、肾上腺素、去甲肾上腺素等。无论是神经递质还是激素，都是通过与心肌和血管平滑肌上的相应受体相结合而发挥作用。肾上腺素能够激活 α 受体及 β 受体，使心跳加快加强，兴奋传导加速，心排血量增加，动脉血压升高。乙酰胆碱是 M 受体激动药，能使心率减慢，心肌收缩力减弱，心排血量减少，动脉血压降低。

## 【实验对象】

家兔。

## 【实验器材与药品】

实验器材：BL-422I 集成化生物信号采集与分析系统、哺乳动物手术器械（手术剪、弯剪、眼科剪、手术刀、组织镊、眼科镊、止血钳、组织钳、玻璃分针、动脉夹）、保护电极、压力换能器、动脉插管、气管插管、JR-20 恒温加热兔台、注射器、丝线、纱布、棉球。

实验药品：生理盐水、20% 氨基甲酸乙酯、0.001% 乙酰胆碱、0.01% 肾上腺素、肝素 - 生理盐水溶液。

## 【实验步骤】

### 1. 实验设置

进入生物机能实验系统软件，点击 "实验模块" → "循环系统实验" → "家兔动脉血压调节"。将压力换能器连入 BL-422I 集成化生物信号采集与分析系统的一通道，保护电极连入刺激输出接口。

### 2. 准备压力换能器

将两个三通开关分别连接在压力换能器的两个接口上，动脉插管与其中的正面接口相连，将肝素溶液充灌于换能器腔体和动脉插管内，确保排出所有气体。

### 3.家兔称重麻醉

取家兔一只，称重。以 20% 氨基甲酸乙酯，按每千克体重 5mL 的量，由耳缘静脉注射麻醉。注射时，将家兔固定，特别注意使兔头不能随意活动。拔去耳缘静脉被毛，轻揉耳缘，使静脉充分扩张。一手食指、中指夹住耳缘静脉近心端，拇指、无名指固定末端，使其被拉直。另一手持注射器由远心端刺入静脉，缓慢注入药液。

### 4.气管插管

将麻醉兔仰卧位固定在兔台上，剪去颈部的被毛，在其颈中线从甲状软骨下到胸骨上缘作长度为 5～8cm 的切口。用止血钳纵向钝性分离皮下组织，可见胸骨舌骨肌；沿左、右两侧胸骨舌骨肌肌间隙分离骨骼肌，并将两条肌束向两外侧牵拉，充分暴露气管；用止血钳将气管与背侧结缔组织和食管分离，游离气管，气管下穿线备用。用手术剪于甲状软骨下 3～4 软骨环处作一横切口，再向头端作一纵行切口，使之呈倒 "T" 形，切口不宜过大或过小。将气管插管从切口进入，用备用的线结扎导管，并固定在气管插管分叉处，以防导管滑脱。如气管内有出血或分泌物，可用棉签由切口处伸入气管插管，并向胸腔方向行进至气管腔内将其擦净，如仍有出血，可用棉签蘸少许 0.1% 去甲肾上腺素同上法进入气管，涂抹气管内壁以止血。

### 5.分离神经

用拇指、食指捏住颈部皮肤切口和部分肌肉向外侧牵拉，用中指和无名指将皮肤顶起，以暴露颈总动脉鞘。鞘内共有三根神经，分别为交感神经、迷走神经、减压神经。其中迷走神经最粗，呈亮白色，交感神经次之，减压神经最细。用玻璃分针小心分离三根神经，穿线备用，并在神经上滴加 37℃液体石蜡以防干燥。

### 6.动脉插管

暴露颈动脉鞘，用止血钳从鞘内分离出颈总动脉，游离 2～3 cm。在动脉下穿两根线，用其中一根结扎远心端，用动脉夹夹住近心端。用眼科剪在靠近结扎处剪一 "V" 形切口，把动脉插管插入近心端，用丝线结扎、固定。同样方法分离另一侧颈总动脉，并穿线备用。

## 【观察项目】

1. 记录观察一段正常的动脉血压波形，并测量其心率、收缩压和舒张压。注意观察一、二级波，有时可看到三级波（图 4-5）。

2. 夹闭颈总动脉：用动脉夹夹闭右侧颈总动脉，观察血压变化，待观察到血压变化后，松开动脉夹。

3. 刺激减压神经：将减压神经钩在保护电极上，给予减压神经电刺激，观察动脉血压的变化。

4. 刺激迷走神经：结扎右侧迷走神经，电刺激迷走神经外周端，观察动脉血压的变化。

5. 给药：由耳缘静脉注入 0.01% 肾上腺素溶液 0.2～0.3mL，观察动脉血压的变化。等待血压恢复稳定后，再注入 0.001% 乙酰胆碱溶液 0.2～0.3mL，观察动脉血压的变化。

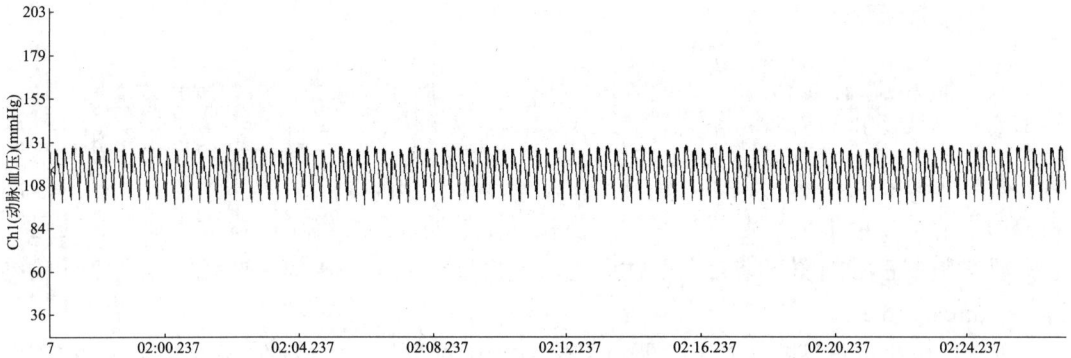

**图4-5　颈总动脉血压波形**

注：一级波（心搏波）：随心脏收缩和舒张出现的血压波动，与心率一致；

二级波（呼吸波）：伴随呼吸运动而发生的血压波动，与呼吸节律一致；

三级波：可能是由于血管运动中枢紧张性的周期性变化所致。

6. 在光亮处比较两耳血管的粗细，结扎一侧交感神经，将其切断，比较两耳血管粗细有何变化。

## 【注意事项】

1. 实验过程中应注意观察动物的状态，如呼吸、肢体运动等。

2. 每观察一个项目，都需待血压基本恢复正常后再进行下一个项目的观察。

3. 在血管插管前必须保证动脉插管已充满肝素-生理盐水溶液，防止插管内凝血，影响血压记录。

4. 颈动脉插管切口以靠远心端为宜，有利于插管。

## 【思考题】

1. 刺激迷走神经外周端，家兔血压出现了怎样的变化？

2. 短时间夹闭颈总动脉，对全身的血压和心率有何影响？试分析其产生机制。

3. 当血压突然降低，机体如何调节使血压恢复正常？

# 实验3　期前收缩与代偿间歇

## 【实验目的】

1. 学习在体蟾蜍心搏曲线的记录方法。

2. 观察期前收缩和代偿间歇，分析心肌细胞兴奋性的变化特点和代偿间歇的产生机制。

## 【实验原理】

心肌每发生一次兴奋后，其兴奋性将发生一系列周期性变化，历经有效不应期、相对不应期、超常期和低常期等几个时期才能恢复到正常水平。与其他可兴奋组织相比，心肌的特点是有效不应期特别长，相当于整个收缩期和舒张早期。在此期中，任何强大的刺激均不能使之产生动作电位与收缩。但在舒张早期以后，给予一次阈上刺激，便可使心室肌细胞在正常的窦房结自动节律到达心室之前，产生一次提前收缩，称为期前收缩（premature systole）。

期前收缩也有自己的有效不应期。因此，当窦房结的正常节律传到心室时，恰好落在了期前收缩的有效不应期内，因而不能引起心肌再次的兴奋和收缩，直到窦房结的正常节律再次传到心肌才能产生收缩，心室在期前收缩之后出现较长的舒张时间称为代偿间歇（compensatory pause）。

## 【实验对象】

蟾蜍的心脏、骨骼肌和神经在离体后，维持正常功能所需的条件很低，在一般实验室条件下容易达到。常用于神经生理、肌肉生理实验。

## 【实验器材与药品】

实验器材：BL-422I集成化生物信号采集与分析系统、刺激电极、张力换能器、蛙类手术器械（蛙板、玻璃板、普通剪刀、手术剪、组织镊、金属探针、蛙心夹、蛙足钉、丝线、滴管）。

实验药品：任氏液。

## 【实验步骤】

### 1. 实验设置

进入生物机能实验系统软件，点击"实验模块"→"循环系统实验"→"期前收缩和代偿间歇"实验项。将刺激电极连入BL-422I的刺激输出接口，张力换能器连入通道一。

### 2. 破坏脑和脊髓

一手持蟾蜍，一手持金属探针在蟾蜍枕骨大孔凹陷处刺入椎管，向上插入颅腔并左右搅动，以彻底捣毁大脑中枢神经系统。然后将金属探针退至枕骨大孔皮下，将针尖朝下插入椎管中并上下移动捣毁脊髓。此时蟾蜍出现四肢松软、呼吸消失，表示蟾蜍的中枢神经系统已被完全破坏，否则重复上述操作。

### 3. 暴露心脏

将破坏了中枢神经系统的蟾蜍置于仰卧位，用蛙足钉固定在蛙板上。用手术剪由剑突处向两肩呈三角形剪开皮肤。用剪刀剪去胸骨，暴露胸腔。用镊子提起心包膜，用眼科剪将其剪开，暴露心脏。

### 4. 连接张力换能器

在心室舒张期将连有丝线的蛙心夹夹于心尖部，丝线另一端与张力换能器相连接，调节换能器高度至心脏收缩曲线能较好地显示。

### 5. 连接刺激电极

将刺激电极的两极与心室肌相接触，接触部位不得妨碍心脏收缩。

## 【观察项目】

1. 记录一段正常的心脏收缩、舒张曲线，仔细辨别心脏收缩期和舒张期（图4-6）。

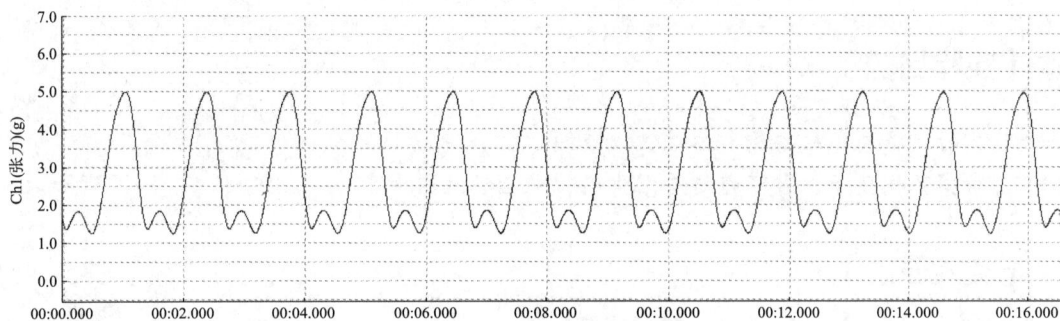

图4-6　正常心脏收缩、舒张曲线

2. 在心室舒张早期、中晚期分别给予一个阈上刺激（5~7V），观察有无期前收缩和代偿间歇出现（图4-7）。

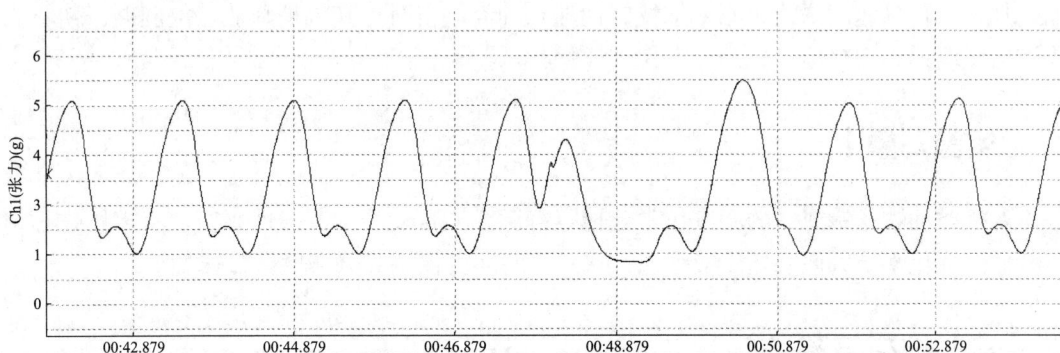

图4-7　舒张晚期给予刺激，出现期前收缩和代偿间歇

## 【注意事项】

1. 经常给标本滴加任氏液，保持心脏湿润。

2. 蛙心夹与张力换能器之间的连线保持一定紧张度。

3. 刺激电极与心脏接触要适当，要保证电极接触良好，同时不影响心脏收缩。

## 【思考题】

1. 心肌细胞兴奋后兴奋性的改变有何特点？其生理意义是什么？与骨骼肌兴奋后兴奋性的变化有何异同？

2. 如果心动过速或过缓，期前收缩之后是否一定会出现代偿间歇？为什么？

# 实验4　蛙心灌流

## 【实验目的】

1. 学习制备离体蛙心及离体蛙心灌流的方法。

2. 观察不同离子、神经递质等因素对心脏活动的影响。

## 【实验原理】

离体和脱离神经支配的动物心脏，保持在适当的环境中，在一定的时间内，仍能有节律地产生兴奋和收缩。利用心肌的这一特点，可用来制作离体心脏模型，用于观察离子、神经递质等对心脏活动的影响。

心脏受自主神经的双重支配，交感神经兴奋时，其末梢释放去甲肾上腺素，使心肌收缩力加强，传导速度增快，心率加快；而迷走神经兴奋时，其末梢释放乙酰胆碱，使心肌收缩力减弱，心率减慢。

## 【实验对象】

两栖类动物蟾蜍或蛙的心脏正常起搏点静脉窦能自动产生节律性兴奋。将离体蛙心用与其血浆理化性质近似的任氏液灌流，在一定时间可保持其兴奋性和节律性。

## 【实验器材与药品】

实验器材：BL-422I 集成化生物信号采集与分析系统、张力换能器、蛙类手术器械（蛙板、玻璃板、普通剪刀、手术剪、组织镊、金属探针、蛙心夹、蛙足钉、丝线、滴管）、万能支架、双凹夹、试管夹。

实验药品：任氏液、0.65%NaCl 溶液、2%CaCl$_2$ 溶液、1%KCl 溶液、0.01% 肾上腺素溶液、0.001% 乙酰胆碱溶液。

## 【实验步骤】

### 1.实验设置

进入生物机能实验系统软件，点击"实验模块"→"循环系统实验"→"蛙心灌流"实验项。将张力换能器连入通道一。

### 2.破坏脑和脊髓

一手持蟾蜍，一手持金属探针在蟾蜍枕骨大孔凹陷处刺入椎管，向上插入颅腔并左右搅动，以彻底捣毁大脑中枢神经系统。然后将金属探针退至枕骨大孔皮下，将针尖朝下插入椎管中并上下移动捣毁脊髓。此时蟾蜍出现四肢松软、呼吸消失，表示蟾蜍的中枢神经系统已被完全破坏，否则重复上述操作。

### 3.暴露心脏

将破坏了中枢神经系统的蟾蜍置于仰卧位，用蛙足钉固定在蛙板上。用手术剪由剑突处向两肩呈三角形剪开皮肤。用剪刀剪去胸骨，暴露胸腔。用镊子提起心包膜，用眼科剪将其剪开，暴露心脏。

### 4.分离、结扎血管

分离左、右主动脉，用丝线结扎右主动脉；在左主动脉弓下穿两根丝线，其中一根打一活结备用，另一根丝线结扎主动脉远心端。将心脏上翻，辨认心房、静脉窦及腔静脉，然后用丝线结扎腔静脉。

### 5.蛙心插管

用带有丝线的蛙心夹在心舒期夹住心尖，使心脏固定易于插管。提起左主动脉的结扎线，用眼科剪在左主动脉近结扎点处剪一"V"形切口。将盛有少量任氏液的蛙心插管（用拇指将套管堵住，防止套管中的任氏液流出）从切口插入动脉球底部，然后将插管稍向后退，再转向心室中央的方向，在心缩期将蛙心插管插入心室内。插管是否插入心室，可通过观察插管内液面是否随心搏而波动、是否有血液从心室射入插管内来确定。如已进入心室，则将预置线的活结扎紧，并固定于插管壁的小钩上。

### 6.游离心脏

小心提起插管和心脏，剪断连接的血管和组织，使心脏离体。注意不要伤及静脉窦。迅速吸去插管内的血液，并用任氏液反复灌洗数次，以防血液凝固堵塞插管。

### 7.标本与仪器的连接

将蛙心插管用管夹夹住固定在铁支架上，蛙心夹上的连线通过滑轮转向连接在张力换能器应变片上。调节换能器张力到适当位置，使波形清晰地显示在屏幕上。

## 【观察项目】

1.记录一段正常的心脏收缩曲线，注意观察频率及心肌收缩力的强弱（图4-8）。

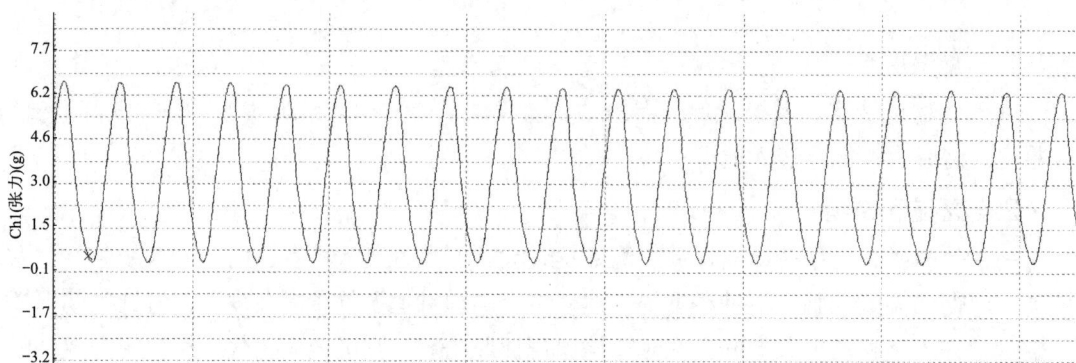

**图4-8  正常心脏收缩、舒张曲线**

2. 将插管内的任氏液全部吸出，换为0.65%NaCl，观察心脏收缩曲线变化，待效应明显后，用任氏液换洗2～3次，直至心脏收缩恢复正常（图4-9）。

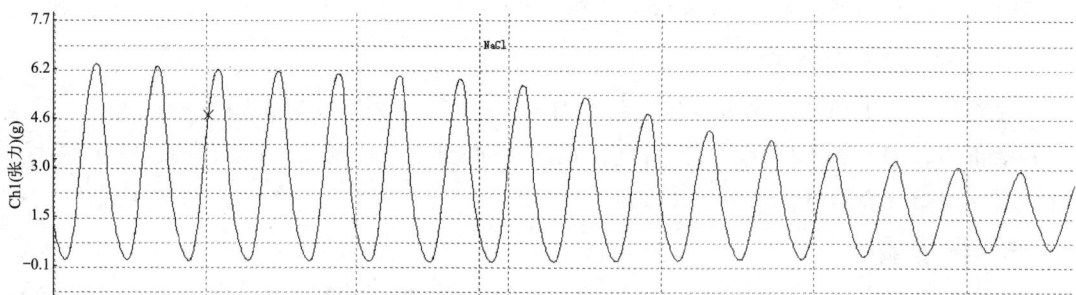

**图4-9  换为0.65%NaCl溶液后的曲线**

3. 向蛙心插管内加入1～2滴2%CaCl$_2$溶液，并用吸管混匀，观察心脏收缩曲线的变化，待效应明显后，用任氏液换洗2～3次，直至心脏收缩恢复正常。

4. 向蛙心插管内加入1～2滴1%KCl溶液，并用吸管混匀，观察心脏收缩曲线的变化，待效应明显后，用任氏液换洗2～3次，直至心脏收缩恢复正常。

5. 向蛙心插管内加入1～2滴0.01%肾上腺素溶液，观察心脏收缩曲线的变化，待效应明显后，用任氏液换洗2～3次，直至心脏收缩恢复正常。

6. 向蛙心插管内加入1～2滴0.001%乙酰胆碱溶液，观察心脏收缩曲线变化。

## 【注意事项】

1. 蛙心夹与张力换能器之间的连线保持一定紧张度。

2. 每项试验均应有一段正常的心搏曲线作为对照。每次换液时，插管内液面应保持恒定的高度。

3. 实验使用药剂种类较多，注意避免通过滴管交叉污染而影响实验结果。

## 【思考题】

1. 蛙心收缩曲线幅度、疏密的改变反映了什么？有何意义？
2. 分析各种因素对心脏收缩影响的机制。
3. 若是以哺乳类动物进行离体心脏灌流实验，需要提供怎样的实验环境呢？

# 实验5　容积导体导电现象—心电描记

## 【实验目的】

1. 掌握容积导体的概念。
2. 学习离体蛙容积导体心电的描记方法。
3. 加深对心脏兴奋的产生、传导和恢复过程的理解。

## 【实验原理】

　　能导电的物体称为导体。具有三维空间、立体形状的导体，称为容积导体（volume conductor）。如果在一个由导电介质构成的容积导体的内部存在电活动，由于容积导体可以导电，故电活动可以通过容积导体的传导反映在容积导体的表面。

　　生物组织和体液能够导电，且具有长、宽、厚三维空间，因此也是一个容积导体。心脏处于机体这一容积导体内部，心脏在每个心动周期中的电活动可以引起人体各个部位的电场强度和方向的变化。

　　如果在体表的一定部位安置两个记录电极，即可记录到每个心动周期中这种电位的变化，用这种方式记录到的图形，称为体表心电图。心电图反映每个心动周期中心脏节律性兴奋的发生、传播和恢复过程的电位变化。

## 【实验对象】

　　两栖类动物蟾蜍或蛙的心脏正常起搏点静脉窦能自动产生节律性兴奋。将离体蛙心保存在与其血浆理化性质近似的任氏液中，在一定时间内可保持其兴奋性和节律性，可以用于观察离体心脏的电活动变化。

## 【实验器材与药品】

　　实验器材：BL-422I集成化生物信号采集与分析系统、电极和导联线、培养皿、棉花、蛙类手术器械（蛙板、玻璃板、普通剪刀、手术剪、组织镊、金属探针、蛙心夹、蛙足钉、丝线）。

实验药品和试剂：任氏液。

## 【实验步骤】

### 1.实验设置

进入生物机能实验系统软件，点击"信号选择"，勾选"蛙类心电"一项。

### 2.破坏脑和脊髓

一手持蟾蜍，一手持金属探针在蟾蜍枕骨大孔凹陷处刺入椎管，向上插入颅腔并左右搅动，以彻底捣毁大脑中枢神经系统。然后将金属探针退至枕骨大孔皮下，将针尖朝下插入椎管中并上下移动捣毁脊髓。此时蟾蜍出现四肢松软、呼吸消失，表示蟾蜍的中枢神经系统已被完全破坏，否则重复上述操作。

### 3.暴露心脏

将破坏了中枢神经系统的蟾蜍置于仰卧位，用蛙足钉固定在蛙板上。用手术剪由剑突处向两肩呈三角形剪开皮肤。用剪刀剪去胸骨，暴露胸腔。用镊子提起心包膜，用眼科剪将其剪开，暴露心脏。

### 4.模拟标准肢体Ⅱ导联

按心电图标准Ⅱ的连接方式，将输入线上的鳄鱼夹电极分别夹在蟾蜍切口处。连接方式为：白色—右前肢，红色—左后肢，黑色—右后肢。观察、记录蟾蜍的心电。

### 5.离体蛙心

用镊子夹住心尖，用剪刀连同静脉窦一起快速剪下心脏，并放入盛有任氏液的烧杯中，用手指轻轻挤压心脏，将心脏余血挤出，防止血液凝固，阻塞心脏血管。然后将心脏放入盛有任氏液的培养皿中。观察此时记录波形的变化，有无心电波形出现。

### 6.蛙心倒置

从培养皿中取出心脏再放回蟾蜍体内原心脏位置，观察此时记录波形的变化，有无心电波形出现。再将心脏倒置，即心尖向上放置，观察、记录心电波形的变化。

### 7.容积导体记录心电

将蛙心放入盛有任氏液的培养皿中，将鳄鱼夹分别按照三种标准肢体导联的方式夹在培养皿边缘并接触任氏液，观察心电波形。

## 【观察项目】

1. 正常心电图的描记。

2. 观察电变化的来源：将蛙心离体，观察心电是否消失；将蛙心放回原位，观察心电是否恢复；将蛙心倒置，观察心电波形的变化。

3. 各导联心电图变化：逐一改变各导联连接，观察心电的变化。

## 【注意事项】

1. 取心脏时切勿伤及静脉窦，操作要干脆、利落，减少对心脏的损伤。
2. 用鳄鱼夹夹住培养皿边缘时要将鳄鱼夹浸入任氏液中。
3. 注意电极位置和导线的连接。

## 【思考题】

1. 两个引导电极之间的相对位置改变与心电图的波形有何关系？
2. 如何证明培养皿中的任氏液具有容积导体性质？

# 实验6 血流动力学参数测定

## 【实验目的】

1. 学习动脉血压的直接描记方法。
2. 学习左室内压的直接描记方法。
3. 学习利用BL-422I软件测量血流动力学参数。

## 【实验原理】

心血管血流动力学检测可以较全面地反映和评价心脏的收缩功能、舒张功能、泵功能及血压的变化。本实验通过采集动物的心电、动脉血压及左室内压数据，对其进行处理，得到反映左心室功能的部分血流动力学参数。

实验中，需要采集的参数包括心率（HR）、动脉收缩压（SP）、动脉舒张压（DP）、动脉平均压（AP）、左心室收缩压（LVSP）、左心室舒张压（LVDP）、左心室终末舒张压（LVEDP）、左心室内压最大上升速率（$dp/dt_{max}$）、左心室内压最大下降速率（$-dp/dt_{max}$）、左心室开始收缩至最大上升速率的间隔时间（$t-dp/dt_{max}$）等。

在这些参数中，反映左室收缩功能的参数有左心室收缩压、左心室内压最大上升速率、左心室开始收缩至最大上升速率的间隔时间。反映左心室舒张功能的参数有左室舒张压、左室内压最大下降速率。反映前负荷的参数有左心室终末舒张压。反映后负荷的参数是动脉血压。

## 【实验对象】

家兔。

## 【实验器材与药品】

实验器材：BL-422I 集成化生物信号采集与分析系统、哺乳动物手术器械（手术剪、弯剪、眼科剪、手术刀、组织镊、眼科镊、止血钳、组织钳、气管插管、玻璃分针、动脉夹）、压力换能器两套、动脉插管、左心室插管、信号输入线、针灸针、JR-20 恒温加热兔台、注射器、丝线、纱布、棉球。

实验药品及试剂：20% 氨基甲酸乙酯、肝素 - 生理盐水溶液。

## 【实验步骤】

### 1. 实验设置

进入生物机能实验系统软件，点击"实验模块"→"循环系统实验"→"血流动力学参数测定"。将信号输入线接入 BL-422I 系统的一通道，两个压力换能器接入二、三通道。

### 2. 准备压力换能器

将两个三通开关分别连接在压力换能器的两个接口上，动脉插管与其中正面接口相连，将肝素溶液充灌于换能器腔体和动脉插管内，确保排出所有气体。

### 3. 家兔称重麻醉

取家兔一只，称重。以 20% 氨基甲酸乙酯，按每千克体重 5mL 的量，由耳缘静脉注射麻醉。注射时，将家兔固定，特别注意使兔头不能随意活动。拔去耳缘静脉被毛，轻揉耳缘，使静脉充分扩张。一手食指、中指夹住耳缘静脉近心端，拇指、无名指固定末端，使其被拉直。另一手持注射器由远心端刺入静脉，缓慢注入药液。麻醉成功后，将家兔仰卧位固定在兔台上。

### 4. 气管插管

将麻醉兔仰卧位固定在兔台上，剪去颈部的被毛，在其颈中线从甲状软骨下到胸骨上缘作长度为 5～8cm 的切口。用止血钳纵向钝性分离皮下组织，可见胸骨舌骨肌。沿左、右两侧胸骨舌骨肌肌间隙分离骨骼肌，并将两条肌束向两侧外牵拉，充分暴露气管；用止血钳将气管与背侧结缔组织和食管分离，游离气管，气管下穿线备用。用手术剪于甲状软骨下 3～4 软骨环处作一横切口，再向头端作一纵行切口，使之呈倒"T"形，切口不宜过大或过小。将气管插管从切口进入，用备用的线结扎导管，并固定在气管插管分叉处，以防导管滑脱。如气管内有出血或分泌物，可用棉签由切口处伸入气管插管，并向胸腔方向行进至气管腔内将其擦净，如仍有出血，可用棉签蘸少许 0.1% 去甲肾上腺素同上法进入气管，涂抹气管内壁以止血。

### 5. 动脉插管

暴露左侧颈动脉鞘，用止血钳从鞘内分离出颈总动脉，游离 2～3 cm。在动脉下穿两根线，用其中一根结扎远心端，用动脉夹夹住近心端。用眼科剪在靠近结扎处剪一"V"形切口，把动脉插管插入近心端，用丝线结扎、固定。

### 6. 左心室插管

暴露右侧颈动脉鞘，分离颈总动脉并穿线备用（操作同"动脉插管"）。用动脉夹夹住近心端。插管前端约 12cm 涂抹液体石蜡作为润滑，在动脉上靠近结扎点处剪口，插入插管。松开动脉夹，此时可见动脉血压波形。边观察波形边继续向心脏方向插入，直到出现左室内压波形，结扎血管并固定（图 4-10）。

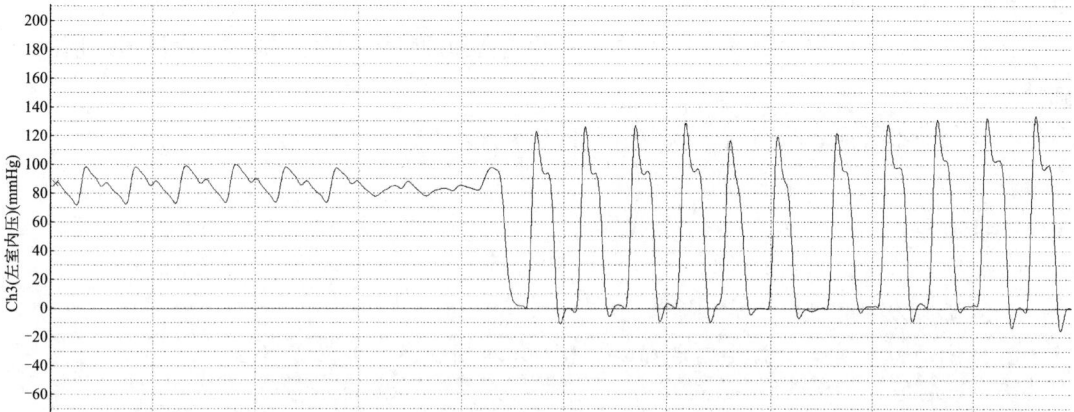

图4-10 动脉血压和左室内压波形图

### 7. 描计心电图

将针灸针扎入家兔四肢皮下，连接信号输入线，白色—右上肢，黑色—右下肢，红色—左下肢，描记家兔心电图。

## 【观察项目】

观察波形，并利用软件测量各项参数。测量方法：点击鼠标右键，在菜单中选择"测量"→"血流动力学测量"功能。或是打开专用数据显示栏，从显示栏中读取各项参数（图 4-11）。

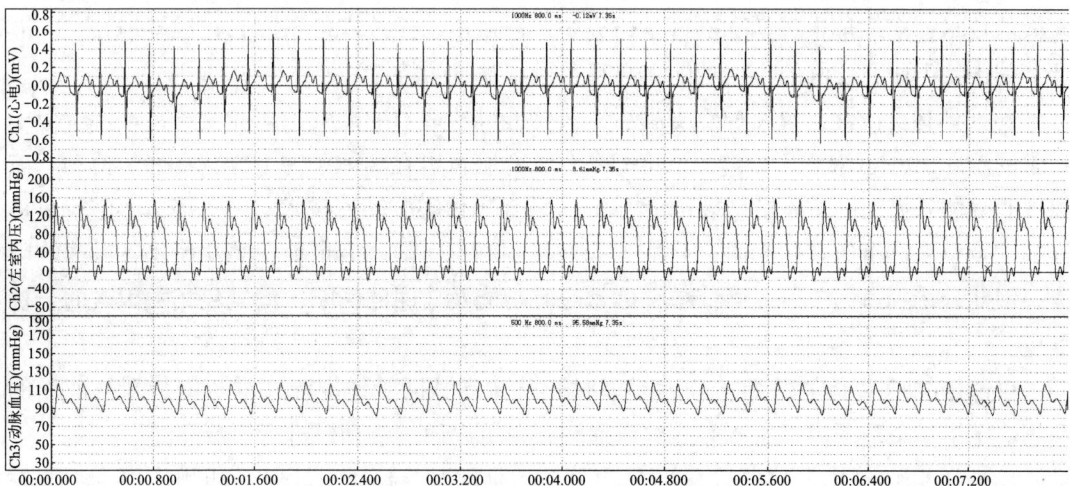

图4-11 心电、动脉血压及左室内压波形

## 【注意事项】

1. 在进行左心室插管时，若遇到阻力或血压波形消失，不可强行插入，应将插管后退，稍改变方向，再向前插。

2. 插管前，一定要用肝素 - 生理盐水将换能器和插管内的气体排尽，确保压力值的准确性。

3. 针灸针不可插入肌肉内，以免引入肌电干扰。

## 【思考题】

1. 血流动力学有哪些影响因素？

2. 血流动力学实验中需要测定哪些参数？参数所代表的意义是什么？

# 实验7　Langendorff离体心脏灌流实验

## 【实验目的】

1. 学习Langendorff离体心脏灌流的基本技术。

2. 掌握成功灌流的技术要点，并了解该技术的适用范围。

## 【实验原理】

离体心脏灌流技术是由 Oscar Langendorff 在一个多世纪前提出的，现在作为一种非常有效的技术，在病理生理学和药理学研究中广泛应用。该技术使研究者在没有神经、体液调节的条件下研究心脏的收缩功能、心率及冠状动脉的特性等。

心脏具有自律性，脱离神经支配后，只要能维持适当的氧气、营养供给，维持近似于正常的温度、PH、渗透压、离子浓度等条件，心脏可以在离体条件下维持良好的搏动。该离体心脏体外搏动的实验模型被称为 Langendorff 离体心脏灌流技术。由于离体心脏脱离神经支配及全身体液因素的影响，且能人为地控制心率，前、后负荷，灌注压等各种影响因素，因此，特别适用于研究某些单一因素对心功能及代谢的影响，而避免相关因素的干扰效应。

Langendorff 离体心脏灌流技术是通过心脏主动脉插管逆向灌注灌流液，灌流液面的高度决定了后负荷压力，所以它是恒压灌注；也可以通过蠕动泵进行恒流灌注。

Langendorff 离体心脏灌流系统常被用于心肌代谢、缺血、缺氧、药物作用、心律失常等研究。

## 【实验对象】

大鼠具有抗病能力强、繁殖快、心血管反应敏锐等特征，对创伤的耐受性较强，在记录心电、血压相关实验中使用更为方便，是最常见的实验动物之一。

## 【实验器材与药品】

实验器材：BL-422I 集成化生物信号采集与分析系统、GL1003 离体心脏灌流系统（装置包括：Langendorff 离体心脏灌流器、主动脉插管操作台、蠕动泵、超级恒温泵）、心室球囊插管，压力换能器，张力换能器、心电输入线、哺乳类动物手术器械（普通剪刀、手术剪，2mL、5mL、10mL 注射器及针头，结扎线，大鼠动脉插管，9 号针头）、培养皿、烧杯。

实验药品及试剂：K-H 液、1.5% 戊巴比妥钠、1% 肝素、95%$O_2$+5%$CO_2$ 混合气体。

## 【实验步骤】

### 1. 实验设置

打开计算机，进入生物机能实验系统软件，选择"Langendorff 离体心脏灌流实验"实验项。

一通道连接电信号输入线，该输入端与灌流系统的心电端相接，记录心电信号；二通道连接血压换能器，并用溶液将换能器腔体与动脉插管管道内充满（尽可能排尽管道内气体），记录心室压力；三通道连接张力换能器，记录心脏的收缩曲线。

### 2. 灌流系统准备

开启灌流装置，使其恒温至 37℃；将 K-H 液预充氧气 10min 以使其富氧，调其 PH 至 7.35～7.40，然后将灌流液泵入灌流器中，并保持充氧，氧气体流量以 1.5L/min（25mL/s）为宜。

### 3. 麻醉固定

取大鼠 1 只，称重。用 1.5% 戊巴比妥钠按 2mL/kg 或 20% 氨基甲酸乙酯按 4～5mL/kg 剂量腹腔注射麻醉。麻醉后的大鼠仰卧固定于手术台上。

### 4. 摘取心脏

沿剑突开胸暴露心脏，在距主动脉根部 0.5～1cm 处横断血管，迅速取出心脏并置于盛有 4℃的冷 K-H 溶液中，并用手指轻轻挤压心脏，排出余血。

### 5. 主动脉插管

将心脏重新置于盛有新的 4℃冷 K-H 液的培养皿中，用眼科剪修剪心底部附着的多余组织；将培养皿放置在主动脉插管操作台上，心脏浸入液面下（避免气泡灌入冠脉循环），以眼科镊夹住主动脉断端，将其悬挂在主动脉插管上，以细丝线系紧固定，避免主动脉滑落。

### 6. 左心室插管

将插好主动脉插管后的心脏迅速连接于 Langendorff 离体心脏灌流器上进行灌流，并将右心房剪破（便于冠脉灌流液流出）。待心脏恢复搏动，稳定 10min 后，将换能器上带有乳胶球囊的心导管经左心房插入左心室，记录心脏左心室压力（或用一根充满灌流液的塑料管直接插入左心室，并将塑料管通过压力换能器连接在生物机能实验系统上）。测定 LVSP、LVDP、LVP±dp/dt 值，观察并记录上述指标，以确定正常心脏的 LVSP、LVDP 和 LVP±dp/dt 值的大小。

### 7. 记录心电信号

将心电夹分别固定在心尖和心底部，地线夹在动脉插管的金属杆上，记录心外膜电图。

### 8. 记录心脏收缩张力变化

将蛙心夹夹在心尖部，其连线通过滑轮转向与张力换能器相连，记录心脏收缩活动的张力变化。

## 【观察项目】

1. 记录一段正常心脏活动的 LVSP、LVDP、LVP±dp/dt 值，同时收集灌流液，测量心脏冠脉流量。

2. 在灌流液中加入 0.01% 肾上腺素，观察 LVSP、LVDP、LVP±dp/dt 值的变化，以及心电、心脏收缩曲线和冠脉流量的变化。待变化明显后，改用 K-H 溶液灌流使心脏活动恢复正常。

## 【注意事项】

1. 主动脉插管时，必须在液面下将主动脉悬挂于 Langendorff 离体心脏灌流器上，避免气泡灌入冠脉循环。

2. 系紧固定主动脉根部后，检查插管深度，避免插管进入左心室腔或抵住冠状动脉的入口。若过深，应轻轻后退插管，插管深度以刚好挂上心脏即可。

3. 从开胸取出心脏至心脏复搏应迅速、轻柔。在 2～3min 内完成，一般规律是此过程越短，复跳越好。

4. K-H 液配制时，$CaCl_2$ 应单称、单溶，然后再缓慢加入 K-H 溶液中，边加边搅拌，以免生成沉淀。

5. 灌流压力应保持在 80～100mmHg（水柱高 1m 左右亦可），灌流压力过低，复搏亦较差。

## 【思考题】

Langendorff 离体心脏灌流实验与整体心脏实验相比，其优势和局限性表现在哪些方面？

# 实验8　心肌动作电位记录

## 【实验目的】

1. 掌握心肌细胞的电生理特性。
2. 学习玻璃微电极的制作方法和细胞内电位的记录方法。
3. 观察豚鼠离体心肌细胞动作电位的基本形态及其特性。

## 【实验原理】

心肌细胞是可兴奋细胞。静息状态下，心肌细胞膜两侧存在外正内负的电位差，即静息电位。在静息电位的基础上受到一次有效刺激而兴奋时产生一次动作电位。

与神经、骨骼肌细胞相比，心肌细胞的动作电位持续时间长，形态复杂。且各类心肌细胞动作电位的形状和形成机制也有很大差异。以心室肌细胞为例，其动作电位由五个时期组成，即0期（快速去极期）、1期（快速复极初期）、2期（平台期）、3期（快速复极末期）和4期（静息期）（图4-12）。

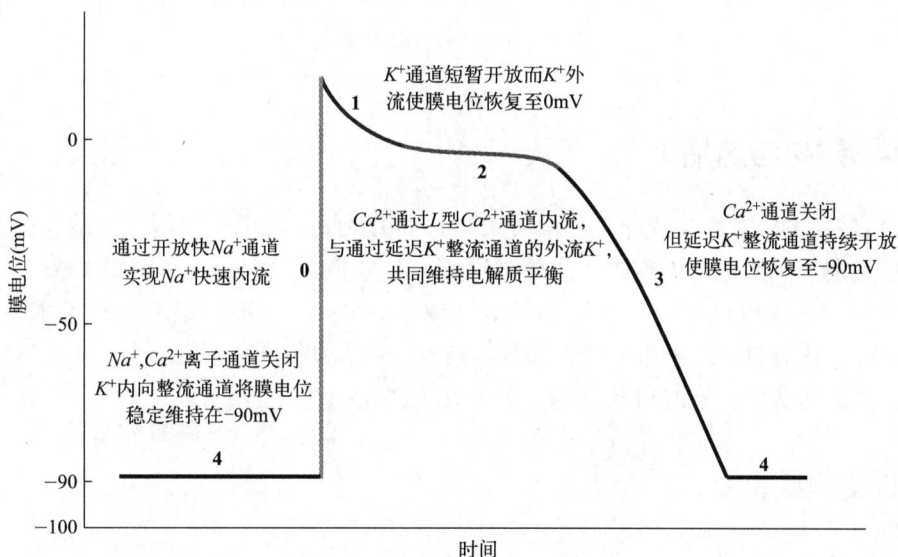

**图4-12　心室肌细胞动作电位**

将一只充满导电液的玻璃微电极插入心肌细胞内，参考电极和接地电极分别置于心脏浸浴液的不同位置，用刺激电极给予离体心肌细胞阈刺激或阈上刺激，便可记录到由刺激引起的心肌细胞动作电位（图4-13）。

## 【实验对象】

豚鼠体形短粗，身圆，无尾，全身被毛，四肢较短，其乳头肌和心房肌常用于电生理特性及心肌细胞动作电位实验，以及抗心律失常药物的研究。

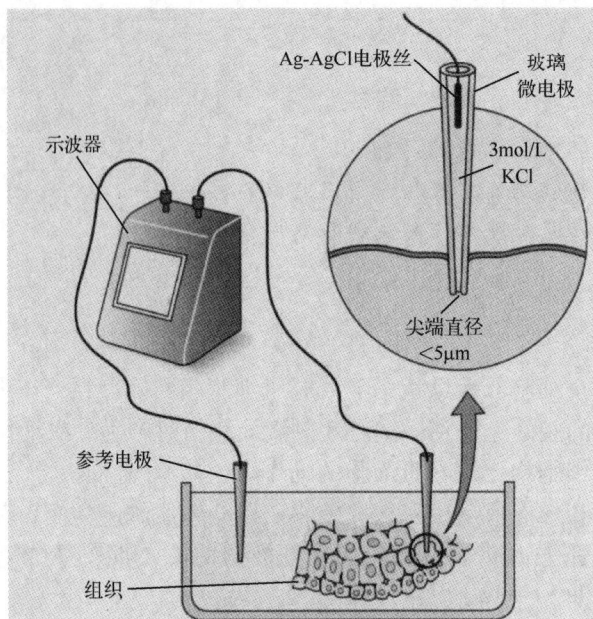

图4-13　测量装置示意图

## 【实验器材与药品】

实验器材：BL-422I 集成化生物信号采集与分析系统、微电极拉制仪、微电极放大器、微电极推进器、刺激电极操作器、立体显微镜、屏蔽柜、标本槽、玻璃微电极、Ag-AgCl 电极丝、双极刺激电极、哺乳类动物手术器械（手术剪、弯剪、眼科剪、手术刀、组织镊、眼科镊、止血钳、组织钳、气管插管、玻璃分针、动脉夹）。

实验药品和试剂：氧饱和 K-H 液、3mol/L KCl 溶液。

## 【实验步骤】

### 1. 实验设置

进入生物机能实验系统软件，点击"实验模块"→"循环系统实验"→"心肌细胞动作电位"实验项。微电极放大器连接到一通道上。

### 2. 拉制玻璃微电极

将玻璃毛细管置于微电极拉制器上，拉出符合需要的电极。本实验要求微电极尖端直径在 0.5μm 以下，阻抗为 10MΩ 及以上。

### 3. 微电极充灌

将拉制好的玻璃微电极倒置放入盛有 3mol/L KCl 容器中，利用虹吸作用充灌尖端。再以尖端较细的塑料管由电极茎部插至肩部，将 3mol/L KCl 溶液缓缓注入微电极内。

### 4. 微电极检查

充灌好的玻璃微电极放在显微镜下检查是否有气泡残存，并测试微电极尖端阻抗是否达到实验要求。将微电极放大器探头正极上的乏极化银丝插入玻璃微电极。

### 5. 制备离体心室肌标本

取体重的 500g 的豚鼠，用钝器击昏后，迅速开胸取出心脏，剪开心室腔，取出一条乳头肌，放入心肌组织灌流恒温浴槽内，并用小钢针固定于其底部的硅橡胶上。以 4～8mL/min 的灌流速度，用氧饱和 K-H 液对标本进行灌流。

### 6. 安放标本和刺激电极

在显微镜下调节微操作仪将刺激电极推至恰好接触心肌标本的位置，使微电极插入心肌细胞内。此时注意观察显示器，一旦电极尖端插入细胞内，扫描基线突然下降，稳定在 –70～–90mV 水平，此数值即为心肌细胞静息电位。

## 【观察项目】

给予心肌标本一个有效刺激，膜电位出现突然倒转和复原的电位变化，即动作电位。仔细观察动作电位的波形，并测量其幅值和时程。

## 【注意事项】

1. 保持室内安静，避免碰撞或摇动实验台，以免微电极尖端折断或移位。
2. 制作和安装标本时要特别小心，防止心肌损伤而影响实验结果。

## 【思考题】

1. 什么是动作电位，试述心室肌动作电位的形态及其产生机制。
2. 比较心肌细胞与骨骼肌细胞动作电位在形态、产生机制及动作电位产生过程中兴奋性周期变化方面的区别。

# 实验9　蟾蜍在体心肌动作电位与心电图记录

## 【实验目的】

1. 掌握心肌细胞的电生理特性。

2. 学习两栖类动物在体心肌细胞动作电位实验记录方法。

3. 观察心室肌细胞内动作电位与体表心电之间的关系。

## 【实验原理】

心肌细胞是可兴奋细胞。静息状态下，心肌细胞膜两侧存在外正内负的电位差，即静息电位。在静息电位的基础上受到一次有效刺激而兴奋时产生一次动作电位。与神经、骨骼肌细胞相比，心肌细胞的动作电位持续时间长，形态复杂。且各类心肌细胞动作电位的形状和形成机制也有很大差异（图 4-14）。

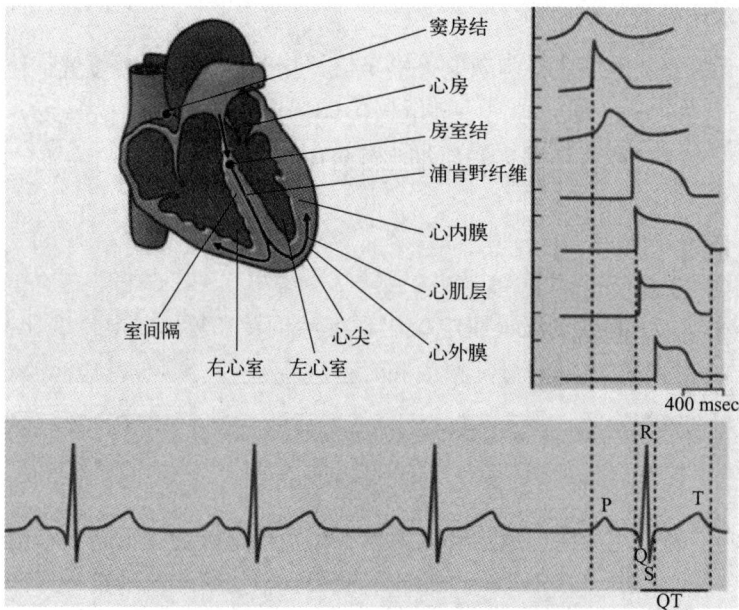

图4-14　心脏各部分心肌细胞电位和心电图对应关系

心动周期中，心肌细胞电活动产生的综合电向量，通过体表的电极记录下的图形，称为心电图。心电图反映每个心动周期中心脏节律性兴奋的发生、传导和恢复过程的电位变化。

心脏的电活动是心电图产生的依据，单个心肌动作电位的产生与消失与心电图各波形之间存在一定的对应关系。以心室肌细胞为例：动作电位的 0 期与心电图 QRS 波群相对应；动作电位 2 期与心电图 ST 段相对应；动作电位 3 期与心电图 T 波相对应。

## 【实验对象】

蟾蜍的心脏、骨骼肌和神经在离体时，维持正常功能所需的条件很低，在一般实验室条件下容易达到。常用于神经生理、肌肉生理实验。

## 【实验器材与药品】

实验器材：BL-422I 集成化生物信号采集与分析系统、微电极放大器、三维推进器、微电极拉制器、玻璃毛细管、信号输入线、屏蔽笼、蛙类手术器械。

实验药品和试剂：任氏液。

## 【实验步骤】

### 1. 实验设置

进入生物机能实验系统软件，点击"实验模块"→"循环系统实验"→"心肌细胞动作电位与心电图"实验项。微电极放大器连接到一通道上。

### 2. 拉制玻璃微电极

将玻璃毛细管置于微电极拉制器上，拉出符合需要的电极。本实验要求微电极尖端直径在 0.5μm 以下，阻抗为 10MΩ 及以上。

### 3. 微电极充灌

将拉制好的玻璃微电极倒置放入盛有 3mol/L KCl 容器中，利用虹吸作用充灌尖端。再以尖端较细的塑料管由电极茎部插至肩部，将 3mol/L KCl 溶液缓缓注入微电极内。

### 4. 微电极检查

充灌好的玻璃微电极放在显微镜下检查是否有气泡残存，并测试微电极尖端阻抗是否达到实验要求。将微电极放大器探头正极上的乏极化银丝插入玻璃微电极。

### 5. 漂浮电极制备

漂浮电极用直径为 10～20μm 的银丝绕成直径约 5mm、圈数为 3～5 的弹簧圈制备。下端焊接乏极化的银丝。取合格的玻璃微电极，将其长 1～1.5cm 的尖端部分自肩部与锥部之间折断。将弹簧下端的乏极化的银丝插入微电极内（图 4-15）。

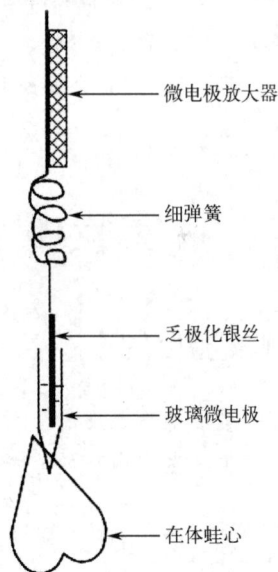

图4-15 漂浮电极结构示意图

### 6. 暴露蟾蜍心脏

蟾蜍毁髓、固定。剪开胸前区皮肤，打开胸腔并剪去胸骨。剪开心包膜，暴露心脏。并将动物放入屏蔽笼中，电极通过三维调节器固定在铁架台上。调节三维推进器使玻璃微电极正对心室上方。

### 7. 连接微电极和心电电极

调节三维推进器使玻璃微电极垂直正对心室上方，向下至心脏表面，在舒张期迅速将微电极扎入心室肌细胞内，记录动作电位。

连接心电电极。将电极按标准肢体Ⅱ导联方式夹在蟾蜍皮肤切口处，记录心电图。连接方法为白色夹在右上肢，红色夹在左下肢，黑色夹在右下肢。

## 【观察项目】

同步记录心电图和心肌动作电位，观察心电图和心室肌细胞动作电位的波形，辨认各波和时相。

## 【注意事项】

1. 保持室内安静，避免碰撞或摇动实验台，以免微电极尖端折断或移位。
2. 设备需具有良好的屏蔽和接地，减少干扰。
3. 根据波幅和静息电位大小，确认玻璃微电极进入细胞内。

## 【思考题】

1. 什么是动作电位，试述心室肌动作电位的形态及其产生机制。
2. 比较心肌细胞与骨骼肌细胞动作电位在形态、产生机制及动作电位产生过程中兴奋性周期变化方面的区别。
3. 通过实验，结合理论课所学，分析心室肌细胞动作电位与心电图各波形之间的对应关系。

# 实验10　左心室内压与动脉血压记录

## 【实验目的】

1. 学习动脉血压的直接描记方法。
2. 学习左室内压的直接描记方法。

## 【实验原理】

血液在动脉内流动时对动脉管壁的侧压强称为动脉血压，是最基本的心血管监测项目。其测定方法可分为直接法和间接法。直接法测量动脉血压是将导管直接插入动物颈总动脉，通过压力换能器描记动脉血压波形。

通过左心室插管，可以描记左心室内压波形。对其进行处理，得到反映左心室功能的部分血流动力学参数。

## 【实验对象】

大鼠。

## 【实验器材与药品】

实验器材：BL-422I集成化生物信号采集与分析系统、哺乳动物手术器械（手术剪、弯剪、眼科剪、手术刀、组织镊、眼科镊、止血钳、组织钳、气管插管、玻璃分针、动脉夹）、压力换能器两套、动脉插管、左心室插管、JR-30恒温加热鼠台、注射器、丝线、纱布、棉球。

实验药品及试剂：1.5%戊巴比妥钠、液体石蜡、肝素-生理盐水溶液。

## 【实验步骤】

### 1. 实验设置

进入生物机能实验系统软件，点击"实验模块"→"循环系统实验"→"左室内压和动脉血压"。将压力换能器接入BL-422I集成化生物信号采集与分析系统的一、二通道。

### 2. 准备压力换能器

将两个三通开关分别连接在压力换能器的两个接口上，动脉插管与其中正面接口相连，将肝素溶液充灌于换能器腔体和动脉插管内，确保排出所有气体。

### 3. 大鼠称重麻醉

使用1.5%戊巴比妥钠，按照0.2mL/100g的量，以腹腔注射的方式将大鼠麻醉，并将大鼠固定在鼠板上。注射时，左手抓住大鼠，使腹部向上，右手将注射针头于左下腹部或右下腹部刺入皮下，然后使针头与皮肤成45°角刺入腹腔，固定针头，缓慢注入药液。为避免损伤内脏，可使大鼠处于头低位，使内脏移向上腹。

### 4. 动脉插管

剪去大鼠颈部被毛。在颈部正中切开皮肤，用眼科镊钝性分离颈部组织，暴露气管和两侧颈总动脉。用眼科镊小心分离两侧颈总动脉2~3cm，并穿线备用。远心端结扎，近心端阻断血流。眼科剪在近结扎点处以45°角剪口，将准备好的动脉插管向近心端插入1cm，测量动脉血压。

### 5. 左心室插管

插管前端涂抹液体石蜡作为润滑剂，在动脉上靠近结扎点处剪口，插入插管。松开动脉夹，此时可见动脉血压波形。边观察波形边继续向心脏方向插入，直到出现左室内压波形，结扎血管并固定。

## 【观察项目】

观察波形，并记录各项参数（图4-16）。

## 【注意事项】

1. 在分离血管时，一定要避免动作和用力过大，应采用钝性分离，防止在分离过程中造成血管损伤。

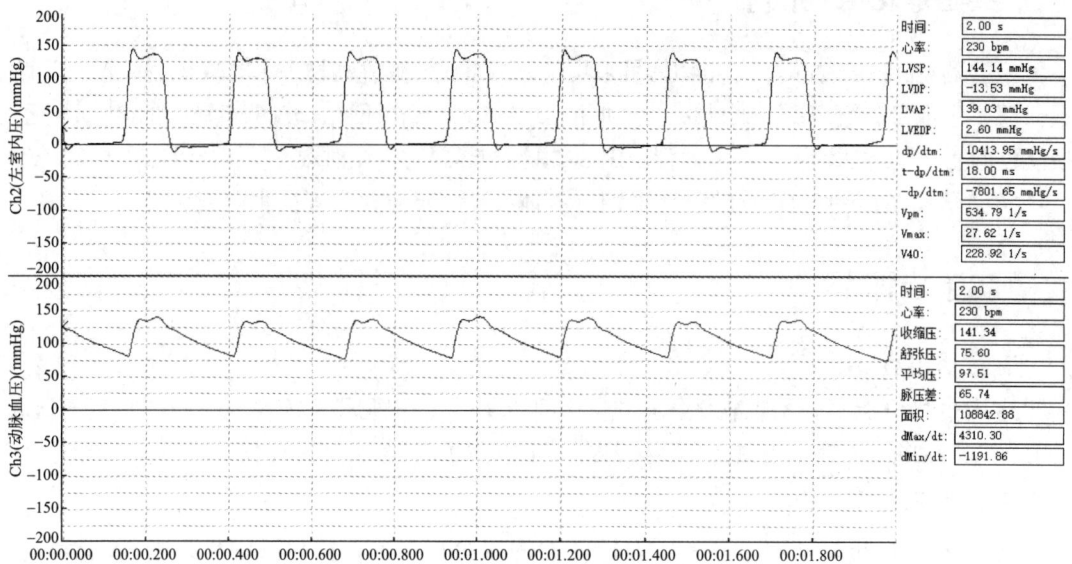

图4-16　左心室内压和动脉血压波形

2. 血压换能器应放置在与心脏同一水平面。

3. 在进行左心室插管时，若遇到阻力或血压波形消失，不可强行插入，应将插管后退，稍改变方向，再向前插。

## 【思考题】

1. 在整个心动周期中，左心室内压如何变化？有何生理意义？

2. 测定左心室内压的临床应用价值是什么？

# 实验11　人体心电图的描记

## 【实验目的】

1. 学习全导联心电图的记录方法。

2. 辨认心电图波形并熟悉其生理意义。

3. 学习心电图各波段的测量和分析方法。

## 【实验原理】

在正常人体，由窦房结发出的兴奋按照一定的传导途径和时程依次传向心房和心室，引起整个心脏的兴奋。人体可看作是一个容积导体。心脏各部分在兴奋过程中出现的生物电变化可通过周围的导电组织和体液传到体表。如果将测量电极置于体表的一定部位，即可引导出心脏兴奋过程中所发生的电变化，即为心电图（electrocardiogram，ECG）。

心电图反映的是每个心动周期中整个心脏兴奋的产生、传导和兴奋恢复过程中的生物电变化，而与心脏的机械收缩活动无直接关系。心电图对心脏起搏点的分析、传导功能的判断及心律失常、房室肥大、心肌损伤等有重要诊断价值。

## 【实验对象】

人（男女不限）。

## 【实验器材与药品】

实验器材：BL-422I 集成化生物信号采集与分析系统，全导联心电线，心电肢夹，吸球电极。

实验试剂：医用酒精，生理盐水（或导电膏）。

## 【实验步骤】

### 1. 实验设置

连接全导联心电线：将全导联心电线接入 BL-422I 硬件上的心电图专用接口，拧紧左右螺丝插口固定。四个肢体导联接头按颜色与心电肢夹相连（同色相连）。六个胸导联接头与吸球电极相连。

### 2. 受试者准备

（1）皮肤处理

受试者平躺在检查床上，肌肉放松。手腕前侧、脚踝内侧和胸前区皮肤用酒精脱脂，涂抹少许生理盐水。

（2）安放肢体导联电极

心电肢夹夹在受试者手腕、足踝处，导电片与肢体内侧皮肤相接触。肢体导联电极位置、颜色及符号：右手腕 - 红色（R）；左手腕 - 黄色（L）；左足踝 - 绿色（F）；右足踝 - 黑色（RF）。

（3）安放胸导联电极

胸导联电极位置（图 4-17）：$V_1$（$C_1$）- 胸骨右缘第 4 肋间；$V_2$（$C_2$）- 胸骨左缘第 4 肋间；$V_3$（$C_3$）-$V_2$ 与 $V_4$ 连线的中点；$V_4$（$C_4$）- 左锁骨中线第 5 肋间；$V_5$（$C_5$）- 左腋前线第 5 肋间；$V_6$（$C_6$）- 左腋中线第 5 肋间。

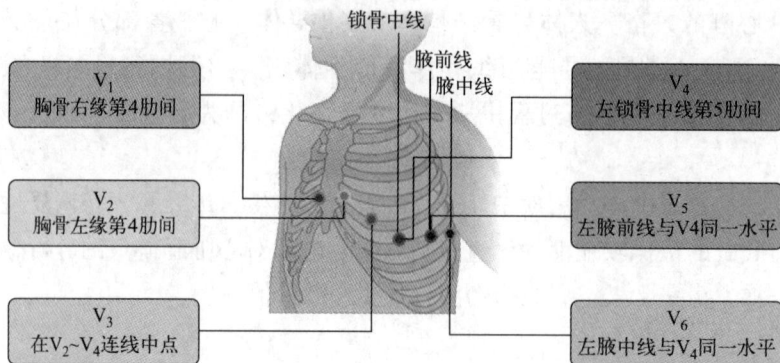

图4-17 胸导联安放示意图

# 【观察项目】

## 1. 全导联心电的记录

记录受试者全导联心电图（图4-18）：受试者平躺在检查床上，开始记录波形，当波形稳定后，在波形旁添加"全导联心电"标签。

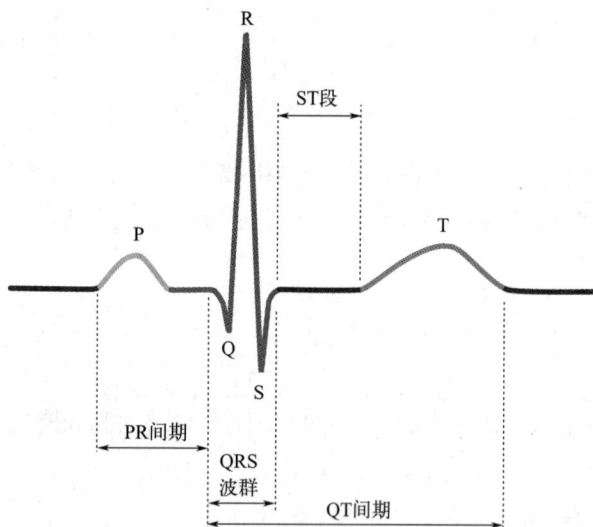

图4-18 心电图各波段示意图

## 2. 测量与分析

（1）截取波形

先在"波形测量区"视图中单击"截图"按钮，选择Ⅱ导联心电波形。选择的波形应包含至少5个心动周期的波形，截取的波形段自动进入"选择波形列表"和"波形测量区"视图中。

（2）辨认波形

对照心电模式图，辨认记录的心电图上各波段：P 波、QRS 波群、T 波，观察各波段在不同导联时的形态。

（3）波幅和时程测量

选择 II 导联一个完整的心动周期，以同样的方法测量各波段的波幅和时程。

## 【注意事项】

1. 受试者应在安静舒适的环境中进行检测。
2. 实验结束后将电极擦拭干净。

## 【思考题】

1. 为什么在安放心电电极前，需要用酒精清洁皮肤表面？
2. 受试者绷紧手臂肌肉后，心电图出现了怎样的变化？这对于我们在记录心电图中有什么提示？
3. 左右手电极反接后，有哪些导联出现了改变？哪些导联没有改变？为什么？

# 第五章

# 呼吸系统实验

## 实验1　家兔呼吸运动调节

### 【实验目的】

1. 学习哺乳类动物呼吸运动的描记方法。
2. 观察神经、体液因素对呼吸运动的影响。

### 【实验原理】

呼吸是机体与外界环境进行气体交换的过程。通过呼吸，机体摄取 $O_2$ 并排出 $CO_2$。完成这一交换的原动力是呼吸运动。在中枢神经系统的调节下，人体呼吸运动能够有节律地进行，以适应机体活动和代谢的需要。同时，体内外各种刺激可以直接或通过不同的感受器作用于中枢，反射性地影响呼吸运动，如化学感受性呼吸反射、肺牵张反射等。

机体通过呼吸运动调节血液中 $O_2$、$CO_2$ 和 $H^+$ 的水平，动脉血中 $O_2$、$CO_2$ 和 $H^+$ 水平的变化又通过化学感受性反射调节呼吸运动，从而维持内环境中 $O_2$、$CO_2$ 和 $H^+$ 的相对稳定。

$CO_2$ 对呼吸的影响：$CO_2$ 刺激呼吸是通过两条途径实现的，一是通过刺激中枢化学感受器再兴奋呼吸中枢；二是刺激外周化学感受器，冲动传入延髓，可反射性使呼吸加深、加快，使肺通气量增加。

$H^+$ 对呼吸的影响：$H^+$ 对呼吸的调节也是通过外周和中枢化学感受器实现的，动脉血的 $H^+$ 浓度升高，可导致呼吸运动加深加快，肺通气量增加。但由于血液中的 $H^+$ 不易通过血脑屏障，其作用以外周化学感受器为主。

$O_2$ 对呼吸的影响：吸入气的氧分压降低时，肺泡气和动脉血的氧分压都随之降低，引起呼吸运动加深、加快，肺通气量增加。低氧对呼吸运动的刺激作用完全是通过外周化学感受器实现的。

## 【实验对象】

家兔。

## 【实验器材与药品】

实验器材：BL-422I 集成化生物信号采集与分析系统、JR-20 恒温兔台、哺乳类动物手术器械（手术剪、弯剪、眼科剪、手术刀、组织镊、眼科镊、止血钳、组织钳、气管插管、玻璃分针、动脉夹）、保护电极、呼吸换能器或张力换能器、玻璃分针、注射器 20mL、1mL 各一只、橡皮管（50cm）。

实验药品：20% 氨基甲酸乙酯、生理盐水、$CO_2$ 气袋、$N_2$ 气袋、3% 乳酸。

## 【实验步骤】

### 1. 实验设置

进入生物机能实验系统软件，点击"实验模块"→"呼吸系统实验"→"家兔呼吸运动调节"。将呼吸换能器或张力换能器接入一通道。

### 2. 家兔称重麻醉

取家兔一只，称重。以 20% 氨基甲酸乙酯，按每千克体重 5mL 的量，由耳缘静脉注射麻醉。注射时，将家兔固定，特别注意使兔头不能随意活动。拔去耳缘静脉被毛，轻揉耳缘，使静脉充分扩张。一手食指、中指夹住耳缘静脉近心端，拇指、无名指固定末端，使其被拉直。另一手持注射器由远心端刺入静脉，缓慢注入药液。麻醉成功后，将家兔仰卧位固定在兔台上。

### 3. 气管插管

将麻醉兔仰卧位固定在兔台上，剪去颈部的被毛，在其颈中线从甲状软骨下到胸骨上缘作长度为 5～8cm 的切口。用止血钳纵向钝性分离皮下组织，可见胸骨舌骨肌；沿左、右两侧胸骨舌骨肌肌间隙分离骨骼肌，并将两条肌束向两外侧牵拉，充分暴露气管；用止血钳将气管与背侧结缔组织和食管分离，游离气管，气管下穿线备用。用手术剪于甲状软骨下 3～4 软骨环处作一横切口，再向头端作一纵行切口，使之呈倒"T"形，切口不宜过大或过小。将气管插管从切口进入，用备用的线结扎导管，并固定在气管插管分叉处，以防导管滑脱。如气管内有出血或分泌物，可用棉签由切口处伸入气管插管，并向胸腔方向行进至气管腔内将其擦净，如仍有出血，可用棉签蘸少许 0.1% 去甲肾上腺素同上法进入气管，涂抹气管内壁以止血。

### 4. 分离神经

用拇指、食指捏住颈部皮肤切口和部分肌肉向外侧牵拉，用中指和无名指将皮肤顶起，以暴露颈总动脉鞘。鞘内共有三根神经，分别为交感神经、迷走神经、减压神经。用玻璃分针小心分离迷走神经，穿线备用。

### 5. 记录呼吸运动

呼吸换能器记录方法：将气管插管的一端与呼吸换能器相连，描记动物呼吸曲线。

张力换能器记录方法：切开胸骨下端剑突部位的皮肤，暴露出剑突与骨柄，用眼科剪剪去一段剑突软骨的骨柄，使剑突软骨与胸骨完全分离。将大头针掰成"V"状，钩在分离出的剑突软骨上，另一端系于张力换能器，描记动物呼吸曲线。

## 【观察项目】

1. 记录一段正常呼吸曲线，观察其频率、幅度，注意分辨吸气相和呼吸相。

2. 增大无效腔：将橡皮管连接于气管插管的侧管上，观察呼吸运动的变化。

3. 增加吸入气中的 $CO_2$ 浓度：将装有 $CO_2$ 的气袋通过一橡胶管对准气管插管的一侧，松开通气开关，使 $CO_2$ 随吸气进入呼吸道（注意调节气体流速不宜过大），观察 $CO_2$ 对呼吸运动的影响。待呼吸运动变化明显时，停止 $CO_2$ 吸入。

4. 缺氧：待呼吸恢复正常后，将装有 $N_2$ 的气袋通过一橡胶管对准气管插管的一侧，松开通气开关，使 $N_2$ 随吸气进入呼吸道（注意调节气体流速不宜过大），观察此时呼吸运动有何变化。待呼吸运动变化明显时，停止 $N_2$ 吸入。

5. 血中酸性物质增多对呼吸运动的影响：由耳缘静脉注入 3% 乳酸 2mL，观察其对呼吸运动的影响。

6. 观察迷走神经在呼吸运动中的作用：分别结扎迷走神经中枢端和外周端，并于两结扎点中间切断一侧迷走神经，观察呼吸运动有何变化；相同方法切断另一侧迷走神经，观察呼吸运动又有何变化。

7. 刺激迷走神经：用保护电极钩住迷走神经中枢端，电刺激 $5 \sim 10s$，观察其对呼吸运动的影响。

## 【注意事项】

1. 在给予气体影响时，注意进气开关不宜太大，可先调节试吹兔毛确定。

2. 每做完一步实验后，都应等待动物呼吸基本恢复正常后再做下一步实验。

## 【思考题】

1. 试比较并分析 $CO_2$、缺氧及 $H^+$ 对呼吸运动的影响。

2. 增大无效腔对呼吸运动的影响是什么？机制如何？

# 实验2　家兔呼吸运动与膈神经放电同步记录

## 【实验目的】

1. 学习呼吸运动的描记方法。

2. 学习外周神经复合动作电位的引导方法。

3. 通过实验，观察家兔在体膈神经传入冲动的发放与呼吸运动之间的相互关系。

## 【实验原理】

膈神经（phrenic nerve）由第 3、第 4、第 5 对颈神经的前支组成，其运动纤维支配膈肌的运动，感觉纤维分布于胸膜、心包及膈肌下面的部分腹膜。

呼吸中枢通过膈神经和肋间神经将节律冲动传至膈肌和肋间肌，引起呼吸运动。因此，膈神经的电活动能反映呼吸中枢的活动。用电生理方法记录的膈神经放电活动可以反映呼吸中枢节律性呼吸运动。某些体内外因素对呼吸运动的影响，也能通过记录膈神经放电改变得到反映。

## 【实验对象】

家兔。

## 【实验器材与药品】

实验器材：BL-422I 集成化生物信号采集与分析系统、哺乳动物手术器械（手术剪、弯剪、眼科剪、手术刀、组织镊、眼科镊、止血钳、组织钳、气管插管、玻璃分针、动脉夹）、神经引导电极、二维定位支架、呼吸换能器、JR-20 恒温加热兔台、注射器、丝线、纱布、棉球。

实验药品：20% 氨基甲酸乙酯、生理盐水、尼可刹米。

## 【实验步骤】

### 1. 实验设置

进入生物机能实验系统软件，点击"实验模块"→"呼吸系统实验"→"膈神经放电"实验项。将神经引导电极、呼吸换能器分别接入 BL-422I 系统的一通道和二通道。

### 2. 家兔称重麻醉

取家兔一只，称重。以 20% 氨基甲酸乙酯，按每千克体重 5mL 的量，由耳缘静脉注射麻醉。注射时，将家兔固定，特别注意使兔头不能随意活动。拔去耳缘静脉被毛，轻揉耳缘，使静脉充分扩张。一手食指、中指夹住耳缘静脉近心端，拇指、无名指固定末端，使其被拉直。另一手持注射器由远心端刺入静脉，缓慢注入药液。麻醉成功后，将家兔仰卧位固定在兔台上。

### 3. 气管插管

将麻醉兔仰卧位固定在兔台上，剪去颈部的被毛，在其颈中线从甲状软骨下到胸骨上缘作长度为 5～8cm 的切口。用止血钳纵向钝性分离皮下组织，可见胸骨舌骨肌；沿左、右两侧胸骨舌骨肌肌间隙分离骨骼肌，并将两条肌束向两外侧牵拉，充分暴露气管；用止血钳将气管与背侧结缔组织和食管分离，游离气管，气管下穿线备用。用手术剪于甲状软骨下 3～4 软骨环处作一横切口，再向头端作一纵行切口，使之呈倒"T"形，切口不宜过大或过小。将气管插管从切口进入，用备用的线结扎导管，并固定在气管插管分叉处，以防导管滑脱。如气管内有出血或分泌物，可用棉签由切口处伸入气管插管，并向胸腔方向行进至气管腔内将其擦净，如仍有出血，可用棉签蘸少许 0.1% 去甲肾上腺素同上法进入气管，涂抹气管内壁以止血。

### 4. 分离迷走神经

用拇指、食指捏住颈部皮肤切口和部分肌肉向外侧牵拉，用中指和无名指将皮肤顶起，以暴露颈总动脉鞘。鞘内共有三根神经。分离迷走神经并穿线备用。

### 5. 分离膈神经

找到胸锁乳突肌及其外侧紧贴皮下的颈外静脉，用止血钳从这两者之间向深处分离。分离至气管边，可见较为粗大的臂丛神经；靠内侧有一较细的神经为膈神经，横跨臂丛神经。用玻璃分针分离并穿线备用。

### 6. 连接神经引导电极和呼吸换能器

将膈神经钩在神经引导电极上，稍稍提高使电极悬空，不可触及周围组织。引导电极上黑色鳄鱼夹夹在颈部皮肤切口处。呼吸换能器接在气管插管上。

## 【观察项目】

1. 观察正常呼吸运动和膈神经放电的关系：同步记录电位活动和呼吸曲线，可见与呼吸运动同步的节律性集群放电图形，同时通过监听器监听放电声音（图 5-1）。

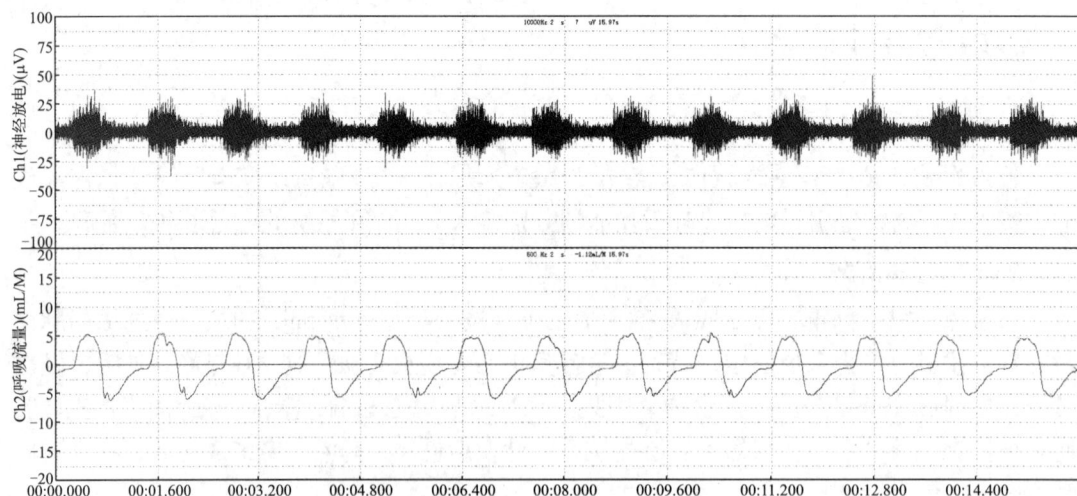

图5-1  膈神经放电与呼吸运动同步记录

2. 肺牵张反射：在一侧气管插管上连接注射器；在吸气末或呼气末迅速夹闭另一侧，同时立即注射 20mL 空气，使肺过度扩张，观察膈神经放电和呼吸运动的变化。

3. 尼可刹米：由耳缘静脉注射尼可刹米 50mg，观察膈神经放电和呼吸运动变化。

4. 迷走神经：切断一侧迷走神经，观察膈神经放电和呼吸运动的变化；再切断另一侧迷走神经，观察膈神经放电和呼吸运动有何变化。

## 【注意事项】

1. 实验过程中应注意观察动物的状态，如呼吸、肢体运动等。
2. 麻醉不宜太浅，以免动物挣扎产生肌电干扰或拉伤神经。
3. 实验过程中注意神经的保温、保湿。

## 【思考题】

1. 膈神经的电活动有何生理意义？
2. 切断一侧和双侧迷走神经后，膈神经放电有何变化？为什么？
3. 试述膈神经放电与呼吸运动的关系，比较膈神经放电和减压神经放电有何不同。

# 实验3　实验性呼吸功能不全

## 【实验目的】

1. 学习急性呼吸功能不全模型的复制方法。
2. 探讨本实验造成呼吸功能不全的发病机制。

## 【实验原理】

呼吸功能不全是指外呼吸功能障碍，动脉血氧分压下降或伴有二氧化碳分压升高的一种病理过程。肺依靠外呼吸功能不断给机体提供氧气，排出二氧化碳，以维持机体血气平衡和内环境稳定。许多病理性因素可导致肺的上述功能发生改变，导致肺部疾患。

呼吸功能不全的发病机制可分为肺通气功能障碍和肺换气功能障碍两种。前者包含限制性通气不足和阻塞性通气不足两种类型，后者包含弥散障碍、通气 - 血流比例失调和解剖分流增加。本次实验通过制造动物窒息和气胸，以复制阻塞性通气不足和限制性通气不足的呼吸功能不全模型。

## 【实验对象】

家兔。

## 【实验器材与药品】

实验器材：BL-422I 集成化生物信号采集与分析系统、JR-20 恒温兔台、哺乳类动物手术器械（手术剪、弯剪、眼科剪、手术刀、组织镊、眼科镊、止血钳、组织钳、气管插管、玻璃分针、动脉夹）、呼吸换能器、血气分析仪、弹簧夹、双凹夹、丝线、纱布、棉球、注射器 20mL、1mL 各一支。

实验药品和试剂：生理盐水、20% 氨基甲酸乙酯、肝素。

## 【实验步骤】

### 1. 实验设置

进入生物机能实验系统软件，点击"实验模块"→"病理生理学实验"→"呼吸功能不全"实验项。将呼吸换能器接入一通道。

### 2. 家兔称重麻醉

取家兔一只，称重。以 20% 氨基甲酸乙酯，按每千克体重 5mL 的量，由耳缘静脉注射麻醉。注射时，将家兔固定，特别注意使兔头不能随意活动。拔去耳缘静脉被毛，轻揉耳缘，使静脉充分扩张。一手食指、中指夹住耳缘静脉近心端，拇指、无名指固定末端，使其被拉直。另一手持注射器由远心端刺入静脉，缓慢注入药液。麻醉成功后，将家兔仰卧位固定在兔台上。

### 3. 气管插管

将麻醉兔仰卧位固定在兔台上，剪去颈部的被毛，在其颈中线从甲状软骨下到胸骨上缘作长度为 5～8cm 的切口。用止血钳纵向钝性分离皮下组织，可见胸骨舌骨肌；沿左、右两侧胸骨舌骨肌肌间隙分离骨骼肌，并将两条肌束向两外侧牵拉，充分暴露气管；用止血钳将气管与背侧结缔组织和食管分离，游离气管，气管下穿线备用。用手术剪于甲状软骨下 3～4 软骨环处作一横切口，再向头端作一纵行切口，使之呈倒"T"形，切口不宜过大或过小。将气管插管从切口进入，用备用的线结扎导管，并固定在气管插管分叉处，以防导管滑脱。如气管内有出血或分泌物，可用棉签由切口处伸入气管插管，并向胸腔方向行进至气管腔内将其擦净，如仍有出血，可用棉签蘸少许 0.1% 去甲肾上腺素同上法进入气管，涂抹气管内壁以止血。

### 4. 动脉插管

暴露一侧颈动脉鞘，用止血钳从鞘内分离出颈总动脉，游离出长 2～3 cm 的颈总动脉，尽可能向远心端游离。在动脉下穿两根线，用其中一根结扎远心端，用动脉夹夹住近心端。用眼科剪在靠近结扎处剪一"V"形切口，把肝素化的动脉插管向近心端插入，以丝线结扎固定，用于实验中取血。

### 5. 记录呼吸运动

将气管插管的一端与呼吸换能器相连，描记动物呼吸曲线。

## 【观察项目】

### 1. 正常呼吸

描记一段正常的家兔呼吸曲线，观察其呼吸频率和呼吸运动幅度，由颈总动脉插管取血 0.5mL，用于血气分析。

### 2. 复制家兔窒息模型

将短的硅胶管套在气管插管的两端，使用弹簧夹将两根硅胶管完全夹闭，使动物处于完全窒息状态 30 秒后，立即取血 0.5mL 用于血气分析，并观察动物呼吸变化。取血时，需先将插管内残留血液弃去再取血。

### 3. 复制家兔气胸模型

于右胸 4~5 肋间插入 16 号针头造成气胸，观察动物呼吸情况，5~10min 后取血分析；用 50mL 注射器将胸腔内空气抽尽并拔出针头，观察动物呼吸波形变化。

## 【注意事项】

1. 复制窒息模型时，应时刻注意窒息时间，如果窒息时间太长，动物无法恢复。

2. 气胸模型复制成功后，使用注射器将胸腔内气体完全抽走，防止残留气体影响呼吸运动。

## 【思考题】

1. 呼吸功能不全的发生机制是什么？

2. 阻塞性、限制性通气障碍和肺泡通气-血流比例失调的常见原因有哪些？

3. 气胸时动物的呼吸如何改变？为什么会有这些变化？

# 第六章

# 消化系统实验

## 实验1　消化道平滑肌生理特性

### 【实验目的】

1. 学习哺乳动物离体器官的实验方法。
2. 观察消化道平滑肌的一般生理特性及某些理化因素对其的影响。

### 【实验原理】

在整个消化道，除口、咽、食管上段和肛门外括约肌的肌肉属骨骼肌外，其余肌肉都是平滑肌。消化道通过运动，将食物研磨，与消化液混合，并向消化道远端推送，完成对食物的机械性消化，并促进化学性消化和吸收。

消化道平滑肌具有自动节律性，富于伸展性，对化学物质、温度变化及牵张刺激较敏感等生理特性。离体肠平滑肌置于适宜的液体中，仍能进行节律性活动，并对温度、pH环境变化表现出不同的反应。因此，当给予相应药物（如受体兴奋剂或受体阻断剂）于灌流液中时，平滑肌舒缩活动也发生相应变化。

本次实验将观察温度、pH、神经递质和化学药品对家兔离体肠道平滑肌的影响。

### 【实验对象】

家兔。

### 【实验器材与药品】

实验器材：BL-422I 集成化生物信号采集与分析系统、恒温平滑肌槽、哺乳动物手术器械（手术剪、弯剪、眼科剪、手术刀、组织镊、眼科镊、止血钳、组织钳、气管插管、玻璃分针、动脉夹）、张力换能器、烧杯、丝线。

实验药品和试剂：台氏液、0.01%肾上腺素、0.01%乙酰胆碱、2%阿托品、1mol/L的 NaOH 溶液、1mol/L 的 HCl 溶液、1%BaCl$_2$溶液。

## 【实验步骤】

### 1.实验设置

进入生物机能实验系统软件，点击"实验模块"→"消化系统实验"→"消化道平滑肌生理特性"实验项。将张力换能器接入一通道。

### 2.仪器准备

在浴槽内倒入适量蒸馏水。在预热管、储液管、实验管中倒入台式液。温度设定至37℃，调节气体流量使气泡呈串逐个溢出。张力换能器通过双凹夹固定于换能器支架上。

### 3.标本制备

用木棒猛击兔头枕部，使其昏迷，立刻剖开腹腔，找出胃幽门与十二指肠交界处，取长20～30cm 的肠管，置于台氏液中轻轻漂洗。当肠内容基本洗净后，将肠管分为数段，每段长 2～3cm，在每段的两端各系一丝线，保存于供氧的台氏液中。

### 4.标本安装

将肠段一端丝线系于标本槽内挂钩上，另一端与张力换能器相连接。并调节换能器张力，调节至波形显示较佳为止。

## 【观察项目】

1. 记录一段正常的平滑肌肠收缩曲线：注意观察其幅度和频率及紧张性。

2. 肾上腺素的作用：向实验管内加入 0.01%肾上腺素 0.1mL，观察小肠的收缩曲线，当观察到明显变化后，更换实验管内台氏液，反复 3 次，使平滑肌收缩恢复正常。

3. 乙酰胆碱的作用：向实验管内加入 0.01%乙酰胆碱 0.1mL，观察小肠的收缩曲线；当观察到明显变化后，更换实验管内台氏液，反复 3 次，使平滑肌收缩恢复正常。

4. 阿托品的作用：向实验管内加入 2%阿托品 0.1mL，观察小肠收缩曲线。1min 后，再加入 0.01%乙酰胆碱 0.1mL，观察小肠收缩曲线。当观察到明显变化后，更换 3 次台氏液至平滑肌收缩恢复正常。

5. 温度影响：将实验管内的台式液更换为 25℃台式液，观察小肠的收缩曲线。

6. pH 值的影响：向实验管内滴入 HCl 0.1mL，观察小肠的收缩曲线。当观察到明显变化后，再滴入 NaOH 0.1mL，观察小肠的运动曲线。当观察到明显变化后，更换实验管内台氏液，反复 3 次，使平滑肌收缩恢复正常。

7. 氯化钡的作用：向实验管内加入 1%BaCl$_2$溶液 0.3mL，观察其作用。更换台氏液至收缩曲线恢复。向实验管内加入 2%阿托品 0.1mL。1min 后，再加入 1%BaCl$_2$溶液 0.3mL，观察小肠的收缩曲线。

## 【注意事项】

1. 气流量要适中，每次放气在实验管内呈缓慢的成串单个气泡为好，气泡过多时肠管受冲击，收缩曲线不稳定。

2. 每种药品中的滴管应专用，不能混用，以免影响实验结果。

3. 每次出现效应后，立即用预热的台式液冲洗标本2～3次。

4. 每个观察项目要有对照曲线，注意节律、幅度和紧张度的改变。制作肠肌标本时，动作应轻柔。

## 【思考题】

1. 通过本实验，你认为消化道平滑肌有哪些生理特性？它与骨骼肌、心肌的生理特性有何异同？各有何生理意义？

2. 从受体学说角度，分析肾上腺素和乙酰胆碱对消化道平滑肌的作用。

3. 滴加阿托品再滴加乙酰胆碱，与滴加阿托品再滴加$BaCl_2$，平滑肌的收缩曲线出现了怎样的改变，为什么？

# 实验2  消化道平滑肌电活动

## 【实验目的】

1. 学习消化道平滑肌电活动的记录方法。

2. 观察家兔胃肠电的波形特征。

3. 观察药物对家兔消化道平滑肌电活动的影响。

## 【实验原理】

消化道平滑肌细胞间存在缝隙连接，电信号可在细胞间传递，其电活动要比骨骼肌复杂，主要有静息电位、慢波电位和动作电位。

静息电位：消化道平滑肌静息电位的幅值较低、波动较大。其产生机制主要是由细胞内$K^+$的外流和生电性钠泵的活动造成的。

慢波电位：在静息电位基础上可自发产生节律性的轻度去极化和复极化，由于其频率较慢，称为慢波电位或基本电节律。慢波电位起源于平滑肌的纵行肌和环形肌之间的Cajal细胞，其发生频率因部位而异。慢波幅度较小，为10～15mV，持续时间数秒至几十秒不等。

动作电位：外来刺激或慢波电位均可使消化道平滑肌细胞产生动作电位。动作电位是在慢波电位的基础上发生的，产生机制主要是 $Ca^{2+}$ 内流。与慢波相比，动作电位时程很短，约 $10\sim20ms$，又称快波。

动作电位是在慢波的基础上发生的，常叠加在慢波的峰顶上，通常慢波电位的幅度越高，动作电位的频率也越高。

动作电位与平滑肌收缩之间存在很强的相关性，平滑肌收缩通常是在动作电位之后产生的，动作电位数目越多，肌肉收缩力越强（图 6-1）。

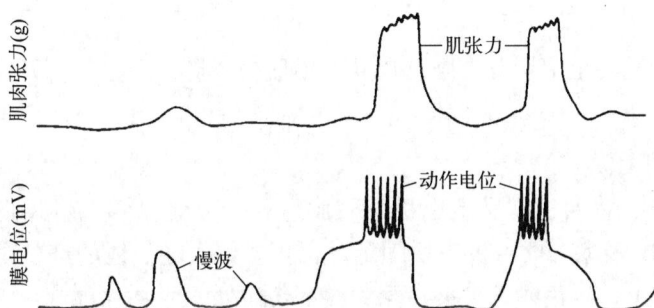

图6-1 消化道平滑肌电活动和肌肉收缩对应关系

## 【实验对象】

家兔。

## 【实验器材与药品】

实验器材：BL-422I 集成化生物信号采集与分析系统、JR-20 恒温加热兔台，哺乳类动物手术器械（手术剪、弯剪、眼科剪、手术刀、组织镊、眼科镊、止血钳、组织钳、气管插管、玻璃分针、动脉夹）、胃肠电电极、信号输入线、橡皮块、注射器。

实验药品和试剂：生理盐水、20% 氨基甲酸乙酯、新斯的明（1mg/mL）、阿托品（0.5mg/mL）。

## 【实验步骤】

### 1. 实验设置

进入生物机能实验系统软件，点击"实验模块"→"消化系统实验"→"消化道平滑肌电活动"实验项。将信号输入线接入 BL-422I 的一通道。

### 2. 家兔称重、麻醉

取家兔一只，称重。以 20% 氨基甲酸乙酯，按每千克体重 5mL 的量，由耳缘静脉注射麻醉。

### 3. 气管插管

将麻醉兔仰卧位固定在兔台上，剪去颈部的被毛，在其颈中线从甲状软骨下到胸骨上缘作长度为 5～8cm 的切口。用止血钳纵向钝性分离皮下组织，可见胸骨舌骨肌；沿左、右两侧胸骨舌骨肌肌间隙分离骨骼肌，并将两条肌束向两外侧牵拉，充分暴露气管；用止血钳将气管与背侧结缔组织和食管分离，游离气管，气管下穿线备用。用手术剪于甲状软骨下 3～4 软骨环处作一横切口，再向头端作一纵行切口，使之呈倒 "T" 形，切口不宜过大或过小。将气管插管从切口进入，用备用的线结扎导管，并固定在气管插管分叉处，以防导管滑脱。

### 4. 腹部手术

剪去上腹部被毛，正中切开上腹部皮肤，沿腹白线剪开腹壁，打开家兔腹腔，暴露腹腔内脏。

### 5. 连接胃肠电电极

找到十二指肠，将两根胃肠电电极垂直肠管行走方向，插入肌浆膜下，两电极间距 3～5mm。胃肠电电极尖端插入橡皮块固定、保护。信号输入线的红、白色鳄鱼夹分别夹在胃肠电引导电极上，黑色鳄鱼夹夹在家兔腹部伤口处。

## 【观察项目】

### 1. 观察、记录一段正常的胃肠电波形

在观察过程中，注意肠管的蠕动与快波电位间的关系。

### 2. 观察新斯的明的作用

从家兔耳缘静脉注射新斯的明 0.3mg，观察十二指肠蠕动和胃肠电波形的变化。

### 3. 观察阿托品的作用

在新斯的明药物作用的基础上，从家兔耳缘静脉注射阿托品 0.5mg，观察十二指肠蠕动和胃肠电波形的变化。

## 【注意事项】

1. 在操作过程中动作应轻柔，尽量减少对胃肠道的机械刺激，否则将影响胃肠电的引导、记录。

2. 在实验引导记录时，为减少呼吸运动的干扰，可将浸有液体石蜡的棉片放在引导部位表面作为隔离。注意排除实验过程中可能产生的干扰情况。

## 【思考题】

1. 记录一段正常的胃肠电活动波形，分析消化道平滑肌电活动的特点。

2. 静脉注射新斯的明，消化道平滑肌电活动有何变化，为什么？给阿托品后，电活动有何反应？

# 第七章

# 泌尿系统实验

▲▲▲▲▲▲▲

## 实验1　尿生成的影响因素

### 【实验目的】

1. 掌握输尿管插管技术，学习尿量的记录和测量方法。
2. 观察神经、体液因素及药物等对尿生成的影响。

### 【实验原理】

尿生成过程包括肾小球的滤过作用、肾小管与集合管的重吸收和分泌作用。终尿量 = 滤过液 − 重吸收量 + 分泌量（图 7-1）。

肾小球滤过作用的动力是有效滤过压（effective filtration pressure），而有效滤过压的高低主要取决于以下三个因素：肾小球毛细血管血压、血浆胶体渗透压和囊内压。正常情况下，囊内压不会有明显变化。肾小球毛细血管血压主要受全身动脉血压的影响，当动脉血压为 80～160mmHg 时，由于肾血流的自身调节（autoregulation）作用，肾小球毛细血管血压均能维持在相对稳定水平。但当动脉血压低于 80mmHg 时，肾小球毛细血管血压就会随血压变化而变化，肾小球滤过率也就发生相应变化。另外，血浆胶体渗透压降低，会使有效滤过压增高，肾小球滤过率（glomerular filtration rate，GFR）增加（图 7-2）。

影响肾小管、集合管重吸收（reabsorption）的因素，包括肾小管溶液中的溶质浓度和抗利尿激素等。肾小管溶质浓度增高，可妨碍肾小管对水的重吸收，因而使尿量增加；抗利尿激素可促进肾小管与集合管对水的重吸收，导致尿量减少。

呋塞米等高效利尿药作用于髓袢升支粗段上皮细胞，抑制 $Na^+$-$K^+$-2$Cl^-$ 同向转运体（$Na^+$-$K^+$-2$Cl^-$ symporter），减少 NaCl、$Mg^{2+}$、$Ca^{2+}$、$K^+$ 的重吸收，破坏了此段尿液的稀释过程。即间质区远曲小管和集合管内的液体由于管内外没有强大的渗透压差而无法将水分

　　大量再吸收，最后排出带有大量水分的等渗或低渗尿而起到强大的利尿作用。

　　注入高渗葡萄糖使血糖浓度超过肾糖阈（renal threshold for glucose），滤液中高浓度的葡萄糖无法完全被近曲小管重吸收，使小管液中溶质浓度增加，引起渗透性利尿作用，因而也使尿量增加。

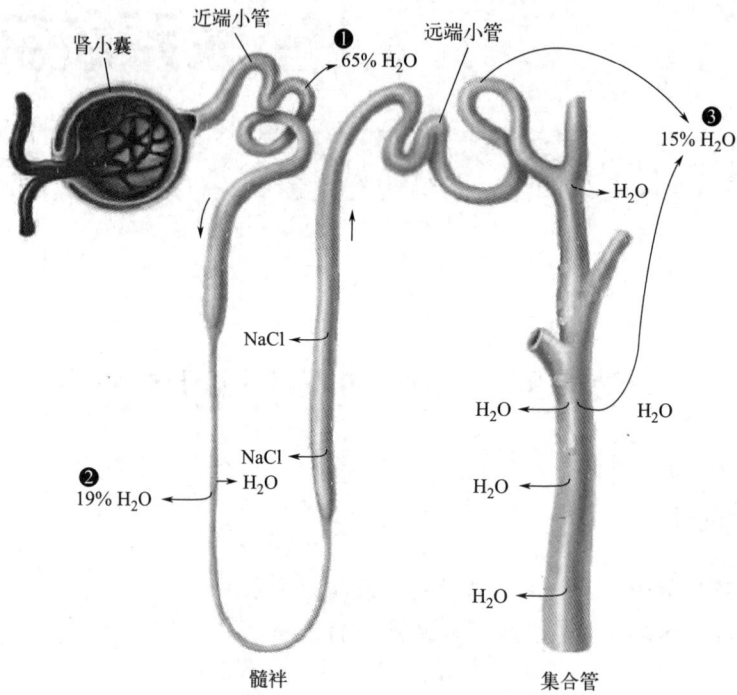

图7-1　肾单位示意图

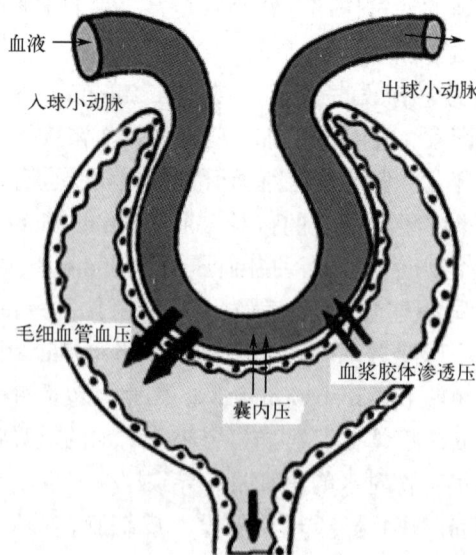

图7-2　肾小球有效滤过压示意图

## 【实验对象】

家兔。

## 【实验器材与药品】

实验器材：BL-422I 生物实验采集系统、哺乳动物手术器械（手术剪、弯剪、眼科剪、手术刀、组织镊、眼科镊、止血钳、组织钳、玻璃分针、动脉夹）、保护电极、压力换能器、气管插管、动脉插管、动脉夹、三通开关、计滴器、玻璃分针、注射器、丝线、纱布、棉球、恒温兔台、静脉输液器一套。

实验药品与试剂：生理盐水、20% 氨基甲酸乙酯、50% 葡萄糖、垂体后叶素、1% 呋塞米（速尿）注射液、0.01% 去甲肾上腺素。

## 【实验步骤】

### 1. 实验设置

进入生物机能实验系统软件，点击"实验模块"→"泌尿系统实验"→"尿生成的影响因素"。将压力换能器连入 BL-422I 的一通道，保护电极连入刺激输出接口，计滴信号线连入记录输入接口，另一端夹在计滴器上。

### 2. 准备压力换能器

将两个三通开关分别连接在压力换能器的两个接口上，动脉插管与其中正面接口相连，将肝素溶液充灌于换能器腔体和动脉插管内，确保排出所有气体。

### 3. 家兔称重麻醉

取家兔一只，称重。以 20% 氨基甲酸乙酯，按每千克体重 5mL 的量，由耳缘静脉注射麻醉。麻醉成功后，将家兔仰卧位固定在兔台上。

### 4. 气管插管

将麻醉兔仰卧位固定在兔台上，剪去颈部的被毛，在其颈中线从甲状软骨下到胸骨上缘作长度为 5～8cm 的切口。用止血钳纵向钝性分离皮下组织，可见胸骨舌骨肌；沿左、右两侧胸骨舌骨肌肌间隙分离骨骼肌，并将两条肌束向两外侧牵拉，充分暴露气管；用止血钳将气管与背侧结缔组织和食管分离，游离气管，气管下穿线备用。用手术剪于甲状软骨下 3～4 软骨环处作一横切口，再向头端作一纵行切口，使之呈倒"T"形，切口不宜过大或过小。将气管插管从切口进入，用备用的线结扎导管，并固定在气管插管分叉处，以防导管滑脱。如气管内有出血或分泌物，可用棉签由切口处伸入气管插管，并向胸腔方向行进至气管腔内将其擦净，如仍有出血，可用棉签蘸少许 0.1% 去甲肾上腺素同上法进入气管，涂抹气管内壁以止血。

### 5. 分离迷走神经和颈总动脉

用拇指、食指捏住颈部皮肤切口和部分肌肉向外侧牵拉，用中指和无名指将皮肤顶起，以暴露颈总动脉鞘。分离迷走神经和颈总动脉，并在其下穿线备用。

### 6. 动脉插管

用丝线结扎颈总动脉远心端，动脉夹夹住近心端。在靠近结扎处剪一"V"形切口，把肝素化的动脉插管插入近心端 1cm 左右，用丝线将血管和插管一同结扎并固定，防止插管脱落。小心打开动脉夹，描计家兔动脉血压波形。

### 7. 静脉插管

轻轻提起颈部皮肤，用手指从皮肤外将皮肤外翻，暴露颈静脉。用止血钳沿血管走行方向，将颈外静脉周围的结缔组织轻轻分离，分离长度约 2cm，穿线备用。用动脉夹夹闭近心端，远心端结扎。用眼科剪在近结扎点处剪口，插入静脉插管，用丝线将静脉和插管一并结扎、固定。插管结束后，以 5～10 滴 /min 缓慢输入生理盐水，保持静脉输液通畅。

### 8. 输尿管插管或膀胱插管

剪去下腹部被毛，从耻骨联合处向上沿正中线作一长约 4cm 的切口，沿正中腹白线切开腹壁，找到膀胱并移出腹腔。于膀胱底部找出输尿管，用玻璃分针仔细分离并穿线。结扎输尿管远端，在靠近结扎线处做一"V"形切口，将已充满生理盐水的输尿管插管向肾脏方向插入并结扎、固定。同样的方法行另一侧输尿管插管。

如采用膀胱插管，则在膀胱顶部血管较少处，以手术剪剪一纵行小口，插入膀胱插管，将膀胱壁与插管结扎固定。完成上述操作后，将膀胱插管平放在耻骨处，使引流管自然下垂，收集尿液。

### 9. 连接计滴装置

将两侧输尿管插管或膀胱插管的后端插入计滴器，进行尿液记录。

## 【观察项目】

### 1. 记录一段正常波形

观察此时动物的动脉血压及尿量。

### 2. 生理盐水

由颈静脉注射 37℃生理盐水 20～40mL，观察血压和尿量的变化。

### 3. 高渗葡萄糖溶液

待血压、尿量恢复稳定后，取尿液两滴进行尿糖定性实验，静脉注射 50% 葡萄糖溶液（每千克体重 2mL），于尿量明显增多时再取尿液两滴做尿糖定性实验，并观察血压和尿量的变化。

### 4. 去甲肾上腺素

静脉给予 0.01% 去甲肾上腺素 0.5mL，观察尿量和血压的变化。

### 5. 呋塞米

待血压、尿量恢复稳定后，静脉注射 1% 呋塞米（速尿）2mL/kg，观察血压和尿量的变化。

### 6.垂体后叶素

静脉注射垂体后叶素 2～3U，观察血压和尿量的变化。

### 7.刺激迷走神经

将分离出的迷走神经在其上下端用丝线结扎，并于两结扎点中间剪断，用保护电极钩住迷走神经外周端，并给予中等强度的电刺激，使血压下降至 50mmHg 左右，观察尿量变化。

### 8.放血

打开三通，从颈动脉放血入盛有肝素的储血瓶中，使动脉血压下降至 50mmHg 左右，观察尿量变化。再将储血瓶内血液从颈静脉快速回输动物体内，观察血压和尿量的变化。

## 【注意事项】

1.实验前最好给家兔喂足量的水，以保证实验中尿量的需要。

2.手术过程中操作应轻柔，尽量避免不必要的损伤，腹部切口也不宜过大，以防损伤性尿闭。

3.分离输尿管与周围组织时要特别细心，避免出血。

4.各项实验的顺序安排，是在尿量明显改变的基础上进行的实验，而且应等前一项影响因素基本消失、尿量基本恢复后，再实施下一步新的项目操作。

## 【思考题】

1.葡萄糖和呋塞米的作用原理及临床应用有何不同？

2.分析实验中，每项操作引起尿量改变的原因是什么？

# 实验2 急性肾功能衰竭模型制备

## 【实验目的】

1.学习氯化汞中毒复制急性肾衰竭动物模型。

2.观察氯化汞中毒家兔的一般状态、尿蛋白及尿沉渣、血尿素氮（BUN）、血肌酐水平、内生肌酐清除率（Ccr）等变化。

3.观察急性肾衰竭时肾的形态改变。

4.根据实验指标，判断、分析急性肾衰竭的发病机制及病理生理变化，加深理解急性肾衰竭的病因、发病机制和功能代谢变化。

## 【实验原理】

急性肾衰竭（acute renal failure，ARF）是指各种原因在短期内（通常为数小时至数天）引起肾泌尿功能急剧障碍，以致内环境出现严重失调的病理过程。

其病理表现为肾肿大、苍白、皮质增厚、肾锥体色深。临床表现包括水中毒、氮质血症、高钾血症和代谢性酸中毒等。多数患者伴有少尿或无尿，即少尿型 ARF；亦有少数患者尿量不减少，但肾脏排泄功能障碍，氮质血症明显，称非少尿型 ARF。

本实验采用皮下或肌内注射氯化汞造成家兔急性肾小管坏死，以制备急性肾衰竭动物模型。其原理如下：汞离子经肾小球滤过后被肾小管上皮细胞重新吸收，在细胞内积聚，与细胞膜和细胞内巯基及二硫基等结合，影响细胞酶活性，损害细胞、细胞膜的功能，细胞变性坏死，并部分脱落堵塞肾小管，造成少尿、无尿。

## 【实验对象】

家兔。

## 【实验器材与药品】

实验器材：BL-422I 生物实验采集系统、哺乳动物手术器械（手术剪、弯剪、眼科剪、手术刀、组织镊、眼科镊、止血钳、组织钳、玻璃分针、动脉夹）、气管插管、动脉插管、动脉夹、计滴器、玻璃分针、注射器、丝线、纱布、棉球、恒温兔台、静脉输液器一套。

实验药品与试剂：生理盐水、20% 氨基甲酸乙酯、$1\%HgCl_2$ 溶液。

## 【实验步骤】

### 1. 实验前动物模型复制

实验前 24h，取健康家兔 1 只，称重后，皮下注射 1% 氯化汞溶液（1.5～1.7mL/kg）。

### 2. 家兔麻醉、固定

家兔以 20% 氨基甲酸乙酯，按每千克体重 5mL 的量，由耳缘静脉注射麻醉。麻醉成功后，将家兔仰卧位固定在兔台上。

### 3. 气管插管

将麻醉兔仰卧位固定在兔台上，剪去颈部的被毛，在其颈中线从甲状软骨下到胸骨上缘作长度为 5～8cm 的切口。用止血钳纵向钝性分离皮下组织，可见胸骨舌骨肌；沿左、右两侧胸骨舌骨肌肌间隙分离骨骼肌，并将两条肌束向两外侧牵拉，充分暴露气管；用止血钳将气管与背侧结缔组织和食管分离，游离气管，气管下穿线备用。用手术剪于甲状软骨下 3～4 软骨环处作一横切口，再向头端作一纵行切口，使之呈倒"T"形，切口不宜过大或过小。将气管插管从切口进入，用备用的线结扎导管，并固定在气管插管分叉处，以防导管滑脱。

### 4. 输尿管插管

剪去下腹部被毛，从耻骨联合处向上沿正中线作一长约 4cm 的切口，沿正中腹白线切开腹壁，找到膀胱并移出腹腔。于膀胱底部找出输尿管，用玻璃分针仔细分离并穿线。结扎输尿管远端，在靠近结扎线处做一"V"形切口，将已充满生理盐水的输尿管插管向肾脏方向插入并结扎、固定。同样的方法行另一侧输尿管插管。输尿管连接计滴装置。

### 5.动脉插管

分离颈总动脉。用丝线结扎颈总动脉远心端，动脉夹夹闭近心端。在靠近结扎处剪一"V"形切口，把肝素化的动脉插管插入近心端1cm左右，用丝线将血管和插管一同结扎并固定，防止插管脱落，以备取血。

### 6.静脉插管

轻轻提起皮肤，用手指从皮肤外将皮肤外翻，即可见到颈外静脉。沿血管走向用止血钳钝性分离浅筋膜，暴露血管3～5cm并穿两根线备用。用动脉夹夹闭血管近心端，待血管充盈后再结扎远心端，于结扎线前用眼科剪与血管呈45°作一"V"形切口，剪开血管管径的1/3～1/2，用玻璃分针或眼科镊插入血管内挑起血管；将已经准备就绪的静脉导管插入2～3cm，用备用线结扎导管并固定在导管的胶布上，以防滑脱，最后取下动脉夹。

## 【观察项目】

### 1.记录尿量
自输液开始记录1h尿量。

### 2.各项指标测定
打开动脉夹，从颈总动脉放血5mL用于测定血清BUN、血清肌酐含量、内生肌酐清除率。取尿液进行尿常规检查（尿蛋白定性、尿液沉渣镜检）。

### 3.形态学观察
处死家兔，取出两侧肾。观察家兔肾的大体形态，如体积、色泽等；将肾正中纵切开，观察皮质、髓质颜色，皮质和髓质分界是否清楚。

## 【注意事项】

1. 手术过程中操作应尽量轻柔，避免不必要的损伤；腹部切口不宜过大，以防损伤性尿闭。
2. 分离输尿管时要小心，避免出血。
3. 输尿管插管应牢固地插在输尿管腔内，不要误入管壁肌层与黏膜之间；操作时不要使输尿管扭结，保证尿液顺利流出。

## 【思考题】

ARF少尿期机体会出现哪些功能代谢的变化？请分析其发病机制。

# 第八章

# 中枢神经系统实验

## 实验1　豚鼠耳蜗微音器电位记录

### 【实验目的】

1. 学习耳蜗微音器电位与听神经动作电位的记录方法。

2. 观察微音器电位与刺激声波的声学性质的关系，比较微音器电位与听神经动作电位的异同点。

### 【实验原理】

耳蜗（cochlea）位于前庭的前方，形如蜗牛壳，由一条骨质管道围绕一锥形骨轴旋转 $2\frac{1}{2} \sim 2\frac{3}{4}$ 周所构成，主要作用是把传递到耳蜗的机械振动转变为听神经纤维的神经冲动（图 8-1）。

当耳蜗收到声音刺激时，耳蜗及其附近结构能够记录到一种与声波的频率和幅度完全一致的电位变化，称为耳蜗微音器电位（cochlear microphonic potential，CM）。

耳蜗微音器电位呈等级性，即其电位随刺激强度增强而增大。耳蜗微音器无真正的阈值，没有潜伏期和不应期，不易疲劳，不发生适应现象。

当给予动物短声刺激时，在微音器电位之后可引导出听神经动作电位。它是耳蜗对声音刺激所产生的一系列反应中最后出现的电变化，是耳蜗对声刺激进行换能和编码的结果。

### 【实验对象】

豚鼠性情温顺，喜群居，嗅觉、听觉发达，对各种刺激有较高的反应，调节体温能力比较差，易受外界温度变化的影响，温度过高或过低都会降低其抵抗力。

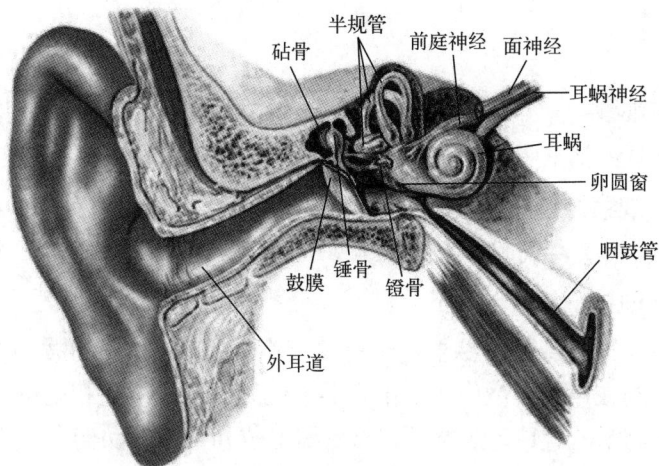

图8-1  人耳结构示意图

## 【实验器材与药品】

实验器材：BL-422I 生物机能实验系统、手术灯、监听器、哺乳动物手术器械（手术剪、弯剪、眼科剪、手术刀、组织镊、眼科镊、止血钳、组织钳、气管插管、玻璃分针、动脉夹）、银球电极、信号输入线。

实验药品与试剂：20% 氨基甲酸乙酯。

## 【实验步骤】

### 1. 实验设置

进入生物机能实验系统软件，点击"实验模块"→"感觉器官实验"→"豚鼠耳蜗微音器电位记录"实验项。将信号输入线连入一通道。

### 2. 麻醉固定

取体重 200～300g 豚鼠一只，用 20% 氨基甲酸乙酯按 6g/kg 的剂量，进行腹腔注射以麻醉豚鼠。麻醉后，将豚鼠侧卧位固定在鼠手术台上。

### 3. 暴露耳蜗

剪去一侧耳廓四周的毛，沿耳郭后缘切开皮肤，用手术刀刮开颞骨乳突表面的肌肉和其他组织，暴露出乳突和部分颅骨。在乳突上刺一小孔，扩大成直径 3～4mm 的小口。其中可见一边缘不规整的小孔，即为圆窗，其直径约 0.8mm。

### 4. 安放电极

将银丝引导电极经骨孔向前深部插入，使电极球端与圆窗膜接触，注意勿戳破圆窗膜，以防淋巴液流出使微音器电位减小。信号输入线红色鳄鱼夹夹在银丝电极上，白色鳄鱼夹夹在切口皮肤，黑色鳄鱼夹夹在前肢皮下针灸针上。

## 【观察项目】

### 1. 微音器电位观察

对着豚鼠的外耳说话或唱歌，观察随声音而出现的电位，即微音器电位。

### 2. 改变音频，观察微音器电位

对豚鼠外耳发高调音、低调音、强音、弱音，观察微音器电位波形、频率、幅度变化。

### 3. 听神经动作电位记录

由外耳道入口，通过音频振荡器给予豚鼠短声单刺激（刺激波宽 0.1ms～0.2ms），在示波器上可以观察到在声波刺激引起的微音器电位后出现 3 个负相电位，即听神经动作电位；然后翻转短声刺激的相位，观察耳蜗微音器电位和听神经动作电位的变化。

## 【注意事项】

1. 手术过程中需及时止血，骨孔周围组织必须刮净，避免液体进入鼓室影响实验。
2. 开口位置要找准确，骨孔不宜过大，严防外部渗血侵入。
3. 安放引导电极时最好找准位置后再安放，不可反复插入，以免触破圆窗。电极进入鼓室时，不要碰触周围骨壁及组织，以免噪声干扰。

## 【思考题】

1. 耳蜗微音器电位有什么特点？
2. 微音器电位变化与声波变化有何关系？
3. 微音器电位与听神经动作电位各有哪些特点？

# 实验2　家兔大脑皮层诱发电位

## 【实验目的】

1. 学习大脑皮层诱发电位的记录方法。
2. 观察大脑皮层诱发电位的波形特征。
3. 了解大脑皮层诱发电位的产生机制。

## 【实验原理】

大脑皮层的生物电活动有两种类型：一种是在无明显刺激的情况下，大脑皮层自发的节律性电位变化，称为自发脑电活动（spontaneous electrical activity of brain）（图 8-2）。

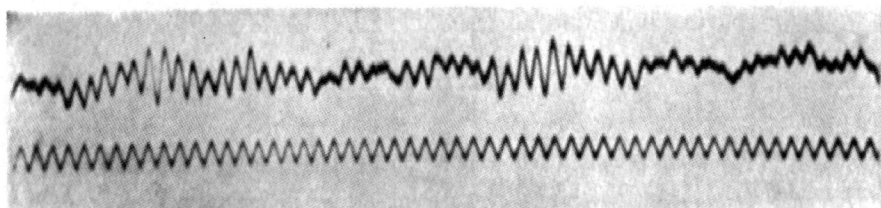

图8-2　Hans Berger在1924年记录的第一个人体脑电图

另一种是指刺激感觉传入系统或脑的某一部位时，在大脑皮层一定部位引出的电位变化，称为皮层诱发电位（evoked cortical potential）。

与自发脑电活动相比，皮层诱发电位有几个特点：必须在特定的部位才能检测出来；有其特定的波形和电位分布；诱发电位的潜伏期与刺激之间有较严格的锁时关系，在给予刺激时几乎立即或在一定时间内瞬时出现。

由于诱发电位波幅较小，又常出现在自发电位的背景上，夹杂在自发脑电中，电位很难分辨。而利用计算机将电位叠加平均处理后，能够使诱发电位显示出来。经过叠加和平均处理后的电位称为平均诱发电位（averaged evoked potential）。

平均诱发电位有助于了解各种感觉投射的定位，辅助中枢损伤部位的诊断，了解中枢神经系统疾病损伤程度，还可用于研究人类感觉功能、行为和心理活动。

临床上常用的有体感诱发电位（somatosensory evoked potential，SEP）、听觉诱发电位（auditory evoked potential，AEP）、视觉诱发电位（visual evoked potential，VEP）。

本次实验通过刺激家兔坐骨神经，同时在皮层体感区（矢状缝旁开3mm，冠状缝后2～4mm区内）探查体感诱发电位。

## 【实验对象】

家兔。

## 【实验器材与药品】

实验器材：BL-422I生物实验采集系统、JR-20恒温兔台、信号输入线、哺乳类动物手术器械（手术剪、弯剪、眼科剪、手术刀、组织镊、眼科镊、止血钳、组织钳、气管插管、玻璃分针、动脉夹）、颅骨钻、咬骨钳、银球电极、保护电极、铁支架台、三维调节器、双凹夹、棉签。

实验药品与试剂：20%氨基甲酸乙酯、生理盐水、骨蜡、液体石蜡。

## 【实验步骤】

### 1. 实验设置

进入生物机能实验系统软件，点击"实验模块"→"中枢神经系统实验"→"大脑皮层诱发电位"。信号输入线接入 BL-422I 的一通道，保护电极连入刺激输出接口。

### 2. 家兔称重麻醉

取家兔一只，称重。以 20% 氨基甲酸乙酯，按每千克体重 5mL 的量，由耳缘静脉注射麻醉。麻醉成功后，将家兔仰卧位固定在兔台上。

### 3. 气管插管

将麻醉兔仰卧位固定在兔台上，剪去颈部的被毛，在其颈中线从甲状软骨下到胸骨上缘作长度为 5～8cm 的切口。用止血钳纵向钝性分离皮下组织，可见胸骨舌骨肌；沿左、右两侧胸骨舌骨肌肌间隙分离骨骼肌，并将两条肌束向两外侧牵拉，充分暴露气管；用止血钳将气管与背侧结缔组织和食管分离，游离气管，气管下穿线备用。用手术剪于甲状软骨下 3～4 软骨环处作一横切口，再向头端作一纵行切口，使之呈倒"T"形，切口不宜过大或过小。将气管插管从切口进入，用备用的线结扎导管，并固定在气管插管分叉处，以防导管滑脱。如气管内有出血或分泌物，可用棉签由切口处伸入气管插管，并向胸腔方向行进至气管腔内将其擦净，如仍有出血，可用棉签蘸少许 0.1% 去甲肾上腺素同上法进入气管，涂抹气管内壁以止血。

### 4. 分离坐骨神经

改变家兔固定体位，将家兔俯卧位固定。剃去右侧大腿皮肤被毛，用手术刀于其大腿中部纵行切开皮肤。钝性分离肌肉，暴露坐骨神经。用玻璃分针分离神经并穿线备用，滴加液体石蜡保护神经。

### 5. 颅骨手术

剪去家兔颅顶处兔毛，手术刀沿矢状线在两眉间至枕骨切开皮肤，暴露颅骨。手术刀柄钝性分离骨膜，清楚暴露骨线。在左侧颅骨的矢状缝旁 4mm，冠状缝后 3mm 用颅骨钻钻开颅骨，暴露硬脑膜（如孔径不够大，可用咬骨钳扩大）。骨缝出血可用骨蜡封闭止血，用生理盐水棉球覆盖创面保护大脑皮层。

### 6. 连接电极

将保护电极钩在分离出来的坐骨神经上。

通过三维调节器将银球电极置于大脑皮层矢状缝旁 2～4mm，人字缝尖前 10mm 处。银球电极尾端连接信号输入线白色夹子，红色和黑色夹子分别夹在头皮切口边缘处前后端。

## 【观察项目】

以单脉冲电刺激作用于坐骨神经触发诱发电位，逐渐增加刺激强度（以刺激坐骨神经时能引起该侧后肢轻轻抖动为宜），并移动引导电极的位置，寻找较大、恒定的诱发电位区域。测量出诱发电位的潜伏期、时程和幅值（图 8-3）。

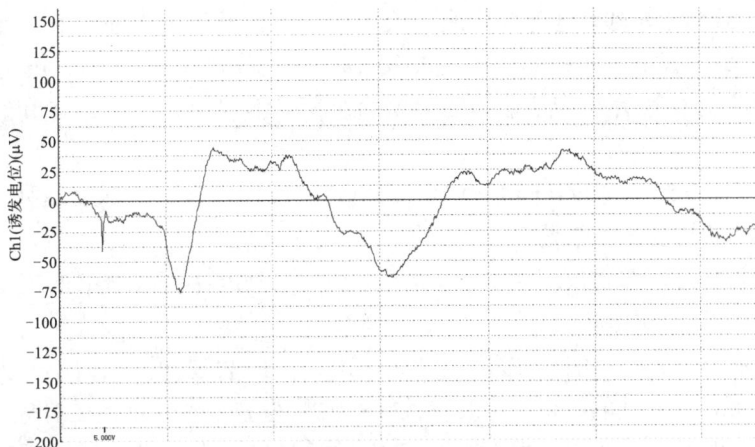

图8-3　家兔大脑皮层诱发电位

## 【注意事项】

1. 开颅时应尽量小心，勿伤及矢状窦；若有出血，可用骨蜡封闭止血。
2. 防止交流电干扰，动物必须良好接地。
3. 皮层引导电极以轻触皮层为佳，不可过分压迫皮层，以免影响观察。
4. 对神经及皮质注意保温，防止干燥。

## 【思考题】

1. 大脑皮层诱发电位的组成成分如何？为什么会有后发放的正相波动？
2. 皮层诱发电位的主反应是否为动作电位？其先正后负的原理如何？

# 实验3　人体脑电的记录与观察

## 【实验目的】

1. 学习人体脑电图的记录方法。
2. 学习分析脑电图的方法。
3. 观察α波及α波的阻断现象。

## 【实验原理】

大脑皮质存在着不同频率、幅值和波形的自发电活动。将引导电极安置在头皮固定位置，通过放大器将微弱的脑电信号滤波、放大后，在计算机上可显示并记录到大脑皮质的电位变化，称为脑电图（electroencephalogram，EEG）。目前认为，脑电波是由大量神经元同步发生的突触后电位经总和后形成的，其基本波形有 δ、θ、α 和 β 波四种（图 8-4）。

δ 波的频率为 0.5～3.9Hz，幅度为 20～200μV，常出现在成人深度睡眠、极度疲劳或麻醉时，在颞叶和枕叶比较明显。

θ 波的频率为 4.0～7.9Hz，幅度为 100～150μV，是成年人浅睡眠的主要脑电活动表现，可在颞叶和顶叶记录到。

α 波的频率为 8.0～13.9Hz，幅度为 20～100μV，常表现为波幅由小变大、再由大变小，反复变化而形成 α 波的梭形。α 波在枕叶皮层最为显著。成年人在清醒、安静并闭眼时出现，睁眼、思考或受外界刺激（如声音、光线等）时立即消失，这一现象称为 α 波阻断（alpha block）。

β 波的频率为 14～30Hz，幅度为 5～20μV，在额叶和顶叶较显著，是新皮层处于紧张活动状态的标志。

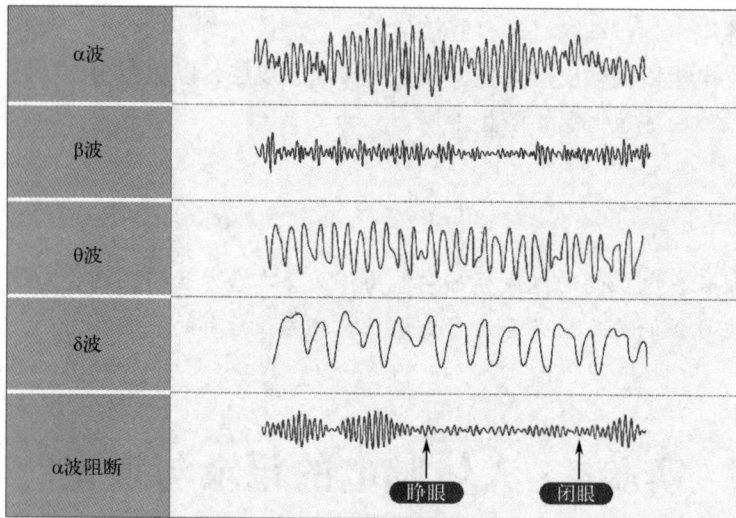

图8-4　脑电分类示意图

## 【实验对象】

本次实验以健康成人为实验对象，记录受试者安静、清醒时的脑电图（图 8-5）。

## 【实验器材与药品】

实验器材：BL-422I 生物实验采集系统、脑电帽、信号输入线、电极、棉球。
实验药品与试剂：生理盐水、医用酒精。

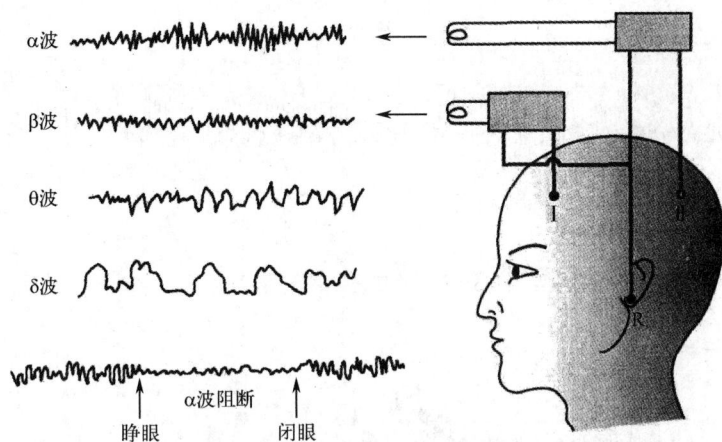

**图8-5　脑电记录方法及正常脑电波形**

## 【实验步骤】

### 1. 实验设置

进入生物机能实验系统软件，点击"实验模块"→"中枢神经系统实验"→"脑电图的记录"。将信号输入线连入 BL-422I 的一通道。

### 2. 佩戴脑电帽

受试者呈坐位，佩戴脑电帽，并调整脑电帽大小以适应受试者头部。

### 3. 准备电极

取三个电极放入生理盐水中，浸泡数分钟。

### 4. 安放电极

用酒精轻轻擦拭安放电极部位的皮肤，去除皮肤表面灰尘和油脂。用棉球蘸取少量生理盐水，擦拭安放电极处皮肤，增加导电性（电极安放位置分别为受试者前额发际线下 1cm 处、枕骨突隆上 2cm 处、耳垂处）。用脑电帽将电极固定在受试者头部，使电极紧挨头皮，并确保实验过程中电极不会脱落。

将信号输入线的红色信号线夹在前额处电极上，白色信号线夹在枕骨突隆处电极上，黑色信号线夹在耳垂处电极上。

## 【观察项目】

1. 受试者安静闭目，全身放松，舒适地坐在靠背椅上。观察受试者的脑电波形（图8-6）。

2. 让受试者睁开眼睛，数秒后闭上眼睛，如此反复几次后暂停实验，观察受试者在睁眼后的脑电波形发生了什么变化（图8-7）。

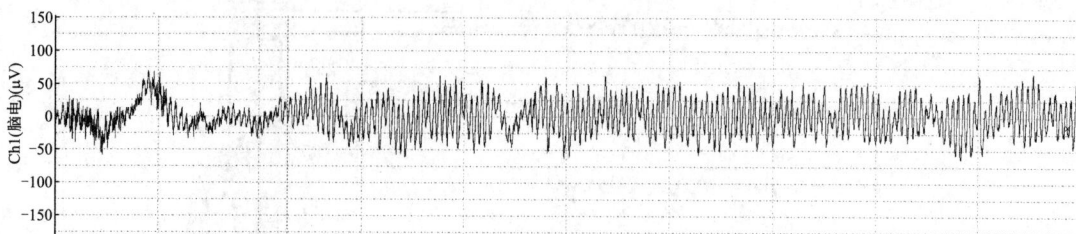

图8-6　受试者闭眼时脑电

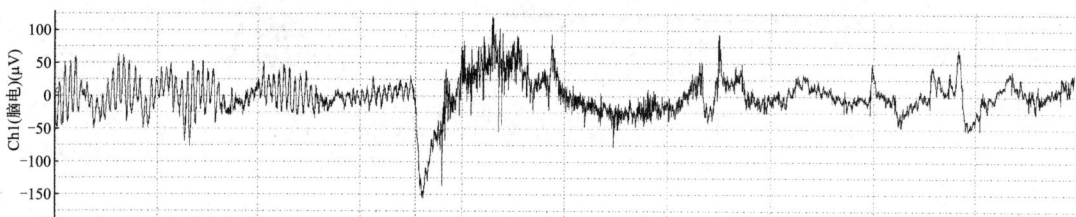

图8-7　受试者睁眼时脑电

## 【注意事项】

1. 引导电极与皮肤或头皮应保持良好接触，以免接触不良而出现干扰。

2. 受试者必须保持安静，全身放松，避免肌电干扰。保持室内安静，光线宜稍暗，室温舒适。

## 【思考题】

1. 正常成人脑电图波形有哪些？这些波形是如何产生的？

2. α节律有何特点？何为"α波阻断"？

3. 如记录脑电波时出现干扰，可能是哪些因素造成的？

# 实验4　中枢神经元单位放电记录

## 【实验目的】

1. 掌握神经元单位放电的概念。

2. 学习用微电极记录中枢神经元单位放电的电生理技术。

3. 观察躯体感觉传入对大鼠丘脑腹后外侧核内神经元单位放电的影响。

## 【实验原理】

神经系统内主要含有神经细胞和神经胶质细胞两类细胞。神经细胞又称神经元，一般认为，神经元是神经系统功能活动的主要承担者，是构成神经系统结构和功能的基本单位。

单个神经元活动时出现的脉冲性电位变化，它代表神经元的活动，也称为单位放电。神经元通过放电信号的编码，实现脑内核团之间的相互联系和信号的传递。

将微电极置于丘脑腹后外侧核，做细胞外引导，可记录神经元的自发放电。刺激外周感受器，通过感觉传导通路上传至中枢，可引起相应脑区的神经元放电，即诱发放电。

## 【实验对象】

本节实验课采用大鼠。大鼠是最常见的实验动物之一，具有抗病能力强、繁殖快、心血管反应敏锐等特征，与小鼠相似但其体形较大，且对创伤的耐受性较强，在记录心电、血压相关实验中使用更为方便。

## 【实验器材与药品】

实验器材：BL-422I 集成化生物信号采集与分析系统、微电极放大器、微电极推进器、脑立体定位仪、监听器、屏蔽实验台、电动推剪、微电极拉制仪、玻璃毛细管、哺乳动物手术器械（手术剪、弯剪、眼科剪、手术刀、组织镊、眼科镊、止血钳、组织钳、气管插管、玻璃分针、动脉夹）、小动物颅骨钻、止血海绵、棉花、注射器、纱布。

实验药品与试剂：1.5% 戊巴比妥钠、过氧化氢、饱和氯化钠溶液、骨蜡。

## 【实验步骤】

### 1. 实验设置

进入生物机能实验系统软件，点击"实验模块"→"中枢神经系统实验"→"中枢神经元单位放电"。将微电极放大器的输出端连接到 BL-422I 的一通道。

### 2. 大鼠称重麻醉

使用 1.5% 戊巴比妥钠，按照 0.2mL/100g 的量，以腹腔注射的方式将大鼠麻醉，并将大鼠固定在鼠板上。

### 3. 固定大鼠头部

将大鼠门齿固定于上颌固定器，用一侧耳棒推入大鼠外耳道，使大鼠头处在正中，再将另一耳杆推入对侧外耳道，鼻环压紧。

### 4. 暴露颅骨

调整前后囟高度，使之等高。用电动推剪推去大鼠头部毛。头顶正中切开皮肤及皮下组织。用手术刀柄或棉球推开骨膜，暴露颅骨及骨缝。用过氧化氢清洁颅骨表面筋膜及肌肉，暴露冠状缝、人字缝及矢状缝。根据骨缝在颅骨表面定位。用小颅骨钻开颅，暴露硬脑膜。用生理盐水棉球覆盖，防止干燥。

### 5. 准备玻璃微电极

经微电极拉制仪拉制尖径约 1μm、阻抗 5～8MΩ 的玻璃微电极，玻璃微电极内充灌 3mol/L 浓度的 NaCl 溶液。将连接在微电极放大器探头正极上的乏极化银丝插入玻璃微电极。

### 6. 安放电极

将玻璃微电极调至前囟，将定位仪归零；调节微电极于前囟后 2mm，矢状缝旁开 2～4mm；调节微电极向下，当显示屏上噪声水平突然减小时，证明电极接触脑表面，以此处为水平零点。

## 【观察项目】

### 1. 记录自发放电

用微电极操纵器向下徐徐推进电极，每推进一次停几秒钟，观察显示屏上有无脉冲性电变化，同时监听器是否发出与放电频率一致的清脆"啪啪"样声音。记录到放电后，停止推进，观察脉冲幅度、放电频率和形式。

### 2. 记录诱发放电

用镊子或止血钳夹动物的后肢皮肤，引起诱发放电，观察刺激与相应脑区的神经元放电关系，比较诱发放电与自发放电的波幅和频率有无差异。

## 【注意事项】

1. 麻醉深度稍偏深，使动物保持安静，无任何运动，以免微电极被折断。
2. 手术过程中，颅骨出血时可用骨蜡或止血棉堵塞骨缝止血。
3. 气温低时，注意给动物保暖。
4. 必要时，可给予动物肌松剂，以减少肌电带来的干燥。

## 【思考题】

1. 自发放电与诱发放电的神经元单位放电产生的原理有何差异？
2. 丘脑腹后外侧核的生理功能是什么？为什么刺激肢体皮肤能诱发该核团的神经元放电？

# 实验5　大鼠海马脑片的制备及CA₁区突触后电位记录

## 【实验目的】

1. 学习大鼠离体海马脑片制备及细胞外记录方法。
2. 了解突触后电位的记录实验方法。
3. 观察海马神经元群细胞外电活动的形式和特征。

## 【实验原理】

离体脑片是用相应的脑组织、神经核团在特制的切片机上切制而成的，放在通有混合气体的人工脑脊液中孵育，可存活数小时至数日。

离体脑片保留了神经元之间明确的纤维联系和走行，不同神经元可在显微镜下定位、记录；且离体脑片性能上接近在体，又不受全身复杂因素的影响，现已成为神经生物学研究中非常有用的工具。

脊髓、延髓、杏仁核、小脑等均可根据研究需要制成离体脑片，其中海马脑片应用最为普遍，原因：①海马解剖结构边界清楚，易于剥离。②海马组织为层状结构，其主要细胞和传入、传出纤维排列密集、规整，纤维走行与海马纵轴大致呈直角，切片的角度合适，可制出含有相当高比例的各种投射纤维和联系的脑片。③显微镜直视下，可见海马体脑片上颜色较暗的神经元带的分布和走向，容易确定要观察的脑片区域，并将电极插入特定区域。

传入纤维 Schaffer 侧支与海马脑片 CA₁ 区锥体细胞的树突形成突触联系，而锥体细胞自身的轴突则形成传出纤维沿海马槽向海马以外的脑区投射。因此，当刺激 Schaffer 侧支时，可在 CA₁ 区锥体细胞的胞体或树突区记录到细胞同步兴奋时所产生的场兴奋性突触后电位和群体峰电位。如果刺激锥体细胞的轴突，则可在上述区域记录到一个逆向诱发场电位；这些场电位可靠地反映出神经元群的电活动状况。

## 【实验对象】

大鼠。

## 【实验器材与药品】

实验器材：HF 抗干扰实验系统（BL-422I 生物机能采集系统、离体脑片灌流槽、微电极放大器、体视显微镜、微电极夹持器、MC-4 微操作仪、IMC-425 微操作仪、脑片刺激电极、屏蔽笼、抗干扰电源、防震台）、MP-300 微拉制仪、脑切片机、HW-500 恒温水浴、玻璃毛细管、烧杯、制冰机、蜡盘、细软毛笔、吸管、脑片孵化槽、滤纸、手术器械、pH 计、微电极充灌针、胶头滴管、注射器。

实验药品及试剂：95%$O_2$ 和 $CO_2$ 混合气体、戊巴比妥钠、人工脑脊液。

## 【实验步骤】

### 1. 实验设置

进入生物机能实验系统软件，点击"实验模块"→"中枢神经实验"→"突触后电位观察"实验项。微电极放大器连接到一通道上。刺激电极接入刺激输出接口。

### 2. 配制人工脑脊液

配制 2000mL 人工脑脊液，取 500mL 置于制冰机中冷冻。对剩余人工脑脊液充氧，使其氧饱和，然后再对其调试 pH 至 7.35～7.4，备用。

### 3. 拉制玻璃微电极

将玻璃毛细管置于微电极拉制器上，拉出符合需要的电极。本实验要求微电极尖端直径在 0.5μm 以下，阻抗为 10MΩ 及以上。

### 4. 微电极充灌

将拉制好的玻璃微电极倒置放入盛有 3mol/L KCl 溶液的容器中，利用虹吸作用充灌尖端。再以尖端较细的塑料管由电极茎部插至肩部，将 3mol/L KCl 溶液缓缓注入微电极内。

### 5. 微电极检查

充灌好的玻璃微电极放在显微镜下检查是否有气泡残存，并测试微电极尖端阻抗是否达到实验要求。将微电极放大器探头正极上的乏极化银丝插入玻璃微电极。

### 6. 海马脑片的制备

将大鼠麻醉、断头、开颅，取出全脑，立即放入冰的氧合人工脑脊液中浸泡片刻，取出。沿大脑正中裂用手术刀将其切成左右两半，取其一半剥离出海马，水平放置在切片台上，沿海马槽纤维的走向，用切片刀将海马连续切成 400μm 的脑薄片 4～5 片。

用小毛笔将它们移入超级恒温水浴内进行孵育，水浴外的温度维持在 36℃ 左右，孵育 1h 左右。

### 7. 仪器准备

固定微电极放大器和刺激电极。以 1～2mL/min 速度灌流氧和人工脑脊液。

### 8. 安放电极

将经孵育后的脑片用吸管吸至灌流浴槽内，在解剖显微镜下，将刺激电极置于 $CA_1$ 区辐射层，刺激 Schaffer 侧支；记录电极置于 $CA_1$ 区锥体细胞层或锥体细胞的顶树突区，记录海马锥体细胞群体锋电位或锥体细胞的突触后电位，以此分析锥体细胞的放电活动。

## 【观察项目】

### 1. 观察场兴奋性突触后电位

选择单刺激：波宽 0.05ms、电压 5V，刺激 Schaffer 侧支，在刺激伪迹后约 2ms 出现一个缓慢正向波，是 $CA_1$ 区椎体神经细胞树突产生的兴奋性突触后电位。

### 2. 观察群体峰电位

选择单刺激：波宽 0.05ms、电压 28V，刺激 Schaffer 侧支，观察群体峰电位（PS）波形。

## 【注意事项】

1. 脑片制备的操作要求迅速，3～5min 内完成断头、取脑、切制成片的全部过程，以减少脑组织的损伤及缺氧。

2. 一般孵育 1h 左右开始实验，过早记录可能会因组织的功能状态尚未恢复而观察不到所需要的指标。

3. 灌流的速度不宜过快，以免脑片漂浮。

## 【思考题】

1. 用海马组织制备脑片有何优点？

2. 群体峰电位的幅度高低与神经元活动数量有无关系？

# 实验6　反射弧的分析

## 【实验目的】

1. 分析反射弧的组成部分。

2. 探讨反射弧的完整性与反射活动的关系。

## 【实验原理】

机体内许多生理功能是由神经系统的活动调节完成的，称为神经调节。反射（reflex）是神经调节的基本形式。

反射活动的结构基础为反射弧（reflex arc），它由五个基本成分组成，即感受器（sensory recepoter）、传入神经（afferent nerve）、中枢（center）、传出神经（efferent nerve）、效应器（effector）。反射弧任何一个部分受损，反射活动将无法进行（图 8-8）。

当脊椎动物一侧肢体的皮肤受到伤害性刺激时，可反射性引起同侧肢体的屈肌收缩而伸肌舒张，使肢体屈曲，这一反射称为屈曲反射（flexor reflex）。

屈曲反射是一个多突触反射，其反射弧的传出部分可支配多个关节的肌肉活动。可使受刺激的肢体脱离伤害性刺激，具有保护作用。

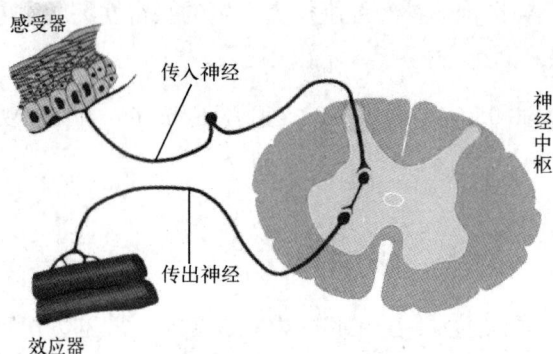

图8-8　反射弧的结构示意图

作用于皮肤的伤害性刺激增强时，则在同侧肢体发生屈肌反射的基础上，还可引起对侧伸肌收缩、肢体伸展以保持身体平衡，称为对侧伸肌反射（crossed extensor reflex）。

对侧伸肌反射是一种姿势反射，在保持身体平衡中具有重要意义。

## 【实验对象】

蟾蜍的心脏、骨骼肌和神经在离体时，维持正常功能所需的条件很低，在一般实验室条件下容易达到，常用于神经、肌肉生理实验，以及脊髓反射、反射弧分析等实验。

## 【实验器材与药品】

实验器材：BL-422I集成化生物信号采集与分析系统、蛙类手术器械（蛙板、玻璃板、普通剪刀、手术剪、组织镊、金属探针、蛙心夹、蛙足钉、丝线）、刺激电极、铁支柱、铁夹、培养皿、烧杯、纱布、棉球等。

实验药品及试剂：0.5%硫酸溶液。

## 【实验步骤】

### 1.制备脊蟾蜍
取蟾蜍一只，用剪刀从口角后缘处剪去颅脑部，保留脊髓和下颌部分。以棉球压迫创口止血。

### 2.分离坐骨神经
将蟾蜍俯卧位固定在蛙板上。剪开一侧大腿皮肤，分离坐骨神经，并在神经下穿线备用。

### 3.固定脊蟾蜍
用铁夹夹住蟾蜍下颌，将其悬挂在铁支架上。

## 【观察项目】

### 1. 反射时的测定

用培养皿盛 0.5% 硫酸溶液，将蟾蜍一侧后肢的足趾尖浸入硫酸溶液中，用秒表记录从浸入时起到后肢开始屈曲为止的时间。之后立即用清水冲洗皮肤，并用纱布拭干（以下步骤同此处理）。重复记录三次，求其平均值，此值即为反射时。

### 2. 反射弧的分析

（1）将左后肢皮肤沿指关节剪一环形切口，切口以下皮肤完全剥脱。再次将左后肢趾尖浸入 0.5% 硫酸溶液，观察有无屈肌反射出现。

（2）将右后肢趾尖浸入 0.5% 硫酸溶液，观察有无屈肌反射出现。

（3）剪断坐骨神经，再次将右后肢趾尖浸入 0.5% 硫酸溶液，观察有无屈肌反射出现。

（4）刺激坐骨神经外周端，观察对侧腿的反应。

（5）刺激坐骨神经中枢端，观察对侧腿的反应。

（6）将探针插入脊髓腔内反复捣毁脊髓。再次刺激坐骨神经中枢端，观察对侧腿的反应。

（7）刺激坐骨神经外周端，观察同侧腿的反应。

（8）直接刺激右侧腓肠肌，观察其反应。

## 【注意事项】

1. 离断颅脑部位要适当，太高可能保留部分脑组织而出现自主活动，太低也会影响反射的引出。

2. 每次用硫酸溶液处理后，应迅速用清水洗去皮肤上残存的硫酸，并用纱布擦干，以保护皮肤并防止冲淡硫酸溶液。

3. 浸入硫酸溶液的部位应限于一个趾尖，每次浸泡范围也应恒定，勿浸入太多。

## 【思考题】

1. 什么叫反射时？反射时的长短主要取决于哪些因素？

2. 为什么剪断了传入或者传出神经纤维后，反射就不再出现了？

3. 为什么剥掉了皮肤以后，刺激皮肤时反射活动不再出现？

4. 完全损毁中枢神经以后，动物的肌肉紧张程度有什么变化？反射活动还出现吗？

5. 完全损毁中枢神经以后，用电直接刺激肌肉，还收缩吗？如果收缩，还叫作反射吗？

第九章

# 病理生理学实验

▲▲▲▲▲▲

## 实验1　强心苷对心力衰竭心脏的作用

### 【实验目的】

1. 了解急性右心衰竭模型的复制方法。
2. 观察急性右心衰竭的血流动力学变化。
3. 探讨心力衰竭的发生机制。

### 【实验原理】

心力衰竭（heart failure，HF）是各种心脏结构和功能性疾病导致心室充盈和（或）射血功能受损，心排血量不能满足机体组织代谢需要，以肺循环和（或）体循环淤血，器官、组织血液灌注不足为临床表现的一组综合征。其典型血流动力学特点是心排血量减少、舒张末期压力增高、动脉血压下降和静脉血压增高。

心力衰竭的主要病因可以归纳为心肌收缩性降低、心室负荷过重和心室舒张及充盈受限。

强心苷（cardiac glycosides）是一类具有强心作用的苷类化合物，可抑制心肌细胞膜上的 $Na^+$-$K^+$-ATP 酶，使胞内 $Na^+$ 增加，进而调节 $Na^+$-$Ca^{2+}$ 双向交换，使胞内 $Ca^{2+}$ 浓度增高，心肌收缩力增强而发挥治疗心衰的作用。可供使用的制剂有地高辛、洋地黄毒苷、毛花苷丙和毒毛花苷 K。

但强心苷剂量过大可引起各种心律失常。常见为室性期前收缩，多表现为二联律、非阵发性交界区心动过速等。临床对其的治疗常用利多卡因、苯妥英钠。此外，过量强心苷还可引起房室传导阻滞，多用阿托品对抗。

本实验采用戊巴比妥钠复制心力衰竭模型。大剂量的戊巴比妥钠可使心肌收缩力下降

40% 以上，左心室等容期压力最大上升速率明显降低，心排血量减少 30%～40%，中心静脉压显著升高。其机制是大剂量戊巴比妥钠抑制心肌细胞肌质网对 $Ca^{2+}$ 的摄取，产生负性肌力作用而导致心力衰竭。

## 【实验对象】

家兔。

## 【实验器材与药品】

实验器材：BL-422I 生物实验采集系统、哺乳动物手术器械（手术剪、弯剪、眼科剪、手术刀、组织镊、眼科镊、止血钳、组织钳、玻璃分针、动脉夹）、气管插管、信号输入线、针灸针、恒温兔台、动脉插管、静脉插管、静脉输液装置、三通、注射器、压力换能器。

实验药品与试剂：20% 氨基甲酸乙酯、肝素 - 生理盐水溶液、液体石蜡、3% 戊巴比妥钠、生理盐水、0.125mg/mL 毒毛花苷 K 注射液、0.4% 盐酸利多卡因。

## 【实验步骤】

### 1. 实验设置

进入生物机能实验系统软件，点击"实验模块"→"药理学实验"→"强心苷对心力衰竭心脏的作用"。信号输入线接入 BL-422I 的一通道，压力换能器接入二通道。

### 2. 家兔称重麻醉

取家兔一只，称重。以 20% 氨基甲酸乙酯，按每千克体重 5mL 的量，由耳缘静脉注射麻醉。注射时，将家兔固定，特别注意使兔头不能随意活动。拔去耳缘静脉被毛，轻揉耳缘，使静脉充分扩张。一手食指、中指夹住耳缘静脉近心端，拇指、无名指固定末端，使其被拉直。另一手持注射器由远心端刺入静脉，缓慢注入药液。麻醉成功后，将家兔仰卧位固定在兔台上。

### 3. 气管插管

将麻醉兔仰卧位固定在兔台上，剪去颈部的被毛，在其颈中线从甲状软骨下到胸骨上缘作长度为 5～8cm 的切口。用止血钳纵向钝性分离皮下组织，可见胸骨舌骨肌；沿左、右两侧胸骨舌骨肌肌间隙分离骨骼肌，并将两条肌束向两外侧牵拉，充分暴露气管；用止血钳将气管与背侧结缔组织和食管分离，游离气管，气管下穿线备用。用手术剪于甲状软骨下 3～4 软骨环处作一横切口，再向头端作一纵行切口，使之呈倒"T"形，切口不宜过大或过小。将气管插管从切口进入，用备用的线结扎导管，并固定在气管插管分叉处，以防导管滑脱。如气管内有出血或分泌物，可用棉签由切口处伸入气管插管，并向胸腔方向行进至气管腔内将其擦净，如仍有出血，可用棉签蘸少许 0.1% 去甲肾上腺素同上法进入气管，涂抹气管内壁以止血。

### 4. 安放心电电极

在家兔四肢皮下分别插入针灸针，按右上肢—白色、左下肢—红色、右下肢—黑色的方式连接信号输入线，记录家兔心电图。

### 5. 静脉插管

轻轻提起皮肤，用手指从皮肤外将皮肤外翻，即可见到颈外静脉。沿血管走向用止血钳钝性分离浅筋膜，暴露血管 3～5cm 并穿两根线备用。用动脉夹夹闭血管近心端，待血管充盈后再结扎远心端，于结扎线前用眼科剪与血管呈 45° 角做一 "V" 形切口，剪开血管管径的 1/3～1/2，用玻璃分针或眼科镊插入血管内挑起血管；将已经准备就绪的静脉导管插入 2～3cm，用备用线结扎导管并固定在导管的胶布上，以防滑脱，最后取下动脉夹。

### 6. 左心室插管

暴露右侧颈动脉鞘，分离颈总动脉并穿线备用。动脉夹夹住近心端。插管前端约 12cm 涂抹液体石蜡作为润滑，在动脉上靠近结扎点处剪口，插入插管。松开动脉夹，此时可见动脉血压波形。边观察波形边继续向心脏方向插入，直到出现左室内压波形，结扎血管并固定。

## 【观察项目】

### 1. 正常状态

观察记录一段正常的心电、左心室压力波形。

### 2. 制备急性心力衰竭模型

从颈静脉插管以 0.5mL/min 的速度缓慢推注 3% 戊巴比妥钠溶液；当左心室收缩压下降至给药前的 40%～50% 时，表示造模成功，停止推注，稳定 10min，记录一段心电、左室内压、中心静脉压波形。

### 3. 给药观察

以 0.3mL/min（4～5 滴 /min）的速度静脉滴注 0.125g/L 毒毛花苷 K，观察强心苷加强心肌收缩力而对抗心力衰竭的治疗作用。洋地黄中毒常见缓慢性心律失常，可静脉推注 0.2% 阿托品 1mL/kg；如出现快速性心律失常，则推注 0.4% 盐酸利多卡因 3mL/kg。

### 4. 测量参数

测量左心室收缩压（LVSP）、左心室舒张压（LVDP）、左心室舒张末压（LVEDP）、左心室最大上升速率（+dp/dtmax）、中心静脉压（CVP）、心率（HR），对结果进行分析。

## 【注意事项】

1. 滴注戊巴比妥钠时要密切观察血压、中心静脉压及左心室收缩压的变化，尤其是左心室收缩压的下降幅度，避免引起动物死亡。

2. 在进行左心室插管时，若遇到阻力或血压波形消失，不可强行插入，应将插管后退，稍改变方向，再向前插。

## 【思考题】

1. 家兔急性心力衰竭治疗前后，观察指标中哪些有变化？
2. 强心苷对心肌有哪些作用？其机制如何？
3. 试述心力衰竭对心脏收缩和舒张功能的影响及其机制。

# 实验2　急性高钾血症及抢救

## 【实验目的】

1. 了解钾离子的生理意义，掌握高钾血症的概念及其对心肌电生理影响的病理生理机制。
2. 观察高钾血症时心电图的变化特征。
3. 通过实验进一步了解高钾血症产生的原因、机制和抢救措施。

## 【实验原理】

细胞内钾离子浓度为 $140\sim160$ mmol/L，是细胞内最主要的阳离子。钾离子的主要生理功能有：调节细胞内外的渗透压平衡和酸碱平衡、维持新陈代谢、维持细胞静息电位。

血清钾浓度的正常范围为 $3.5\sim5.5$ mmol/L，当钾离子浓度大于 $5.5$ mmol/L 时称为高钾血症（hyperkalemia）。高钾血症的形成，可能与钾摄取过多、钾排出减少、细胞内钾转到细胞外等因素有关。

高钾血症会影响心肌电生理特性，表现为：兴奋性先升高后降低、传导性下降、自律性降低、收缩性减弱。其典型心电图表现为："一高"，即 T 波高耸；"二低"，即 R 波降低，S 波加深；"三宽"，即 QRS 波增宽、P-R 间期增宽、Q-T 间期增宽（图9-1）。

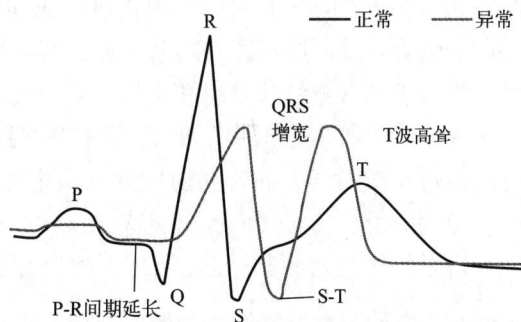

图9-1　高钾血症典型心电图改变

高钾血症发生后，可用下述方法进行紧急救治：①防治原发病：去除引起高钾血症的原因。②降低体内钾含量：通过透析疗法、口服或灌肠阳离子交换树脂来降低体内总钾量。③静脉内输入钙盐：拮抗高钾血症的心肌毒性作用，恢复心肌的兴奋性，改善传导性。④使细胞外钾转入胞内：静脉内输入碱性含钠溶液，提高血液的 pH，促使 $K^+$ 向细胞内转移；输入葡萄糖 - 胰岛素溶液（GI 液），促使 $K^+$ 向细胞内转移，以降低高钾对心肌的毒性作用。

## 【实验对象】

家兔。

## 【实验器材与药品】

实验器材：BL-422I 生物实验采集系统、哺乳动物手术器械（手术剪、弯剪、眼科剪、手术刀、组织镊、眼科镊、止血钳、组织钳、玻璃分针、动脉夹）、气管插管、信号输入线、针灸针、兔台、输液袋、静脉插管、注射器、棉签等。

实验药品与试剂：20% 氨基甲酸乙酯、生理盐水、4%KCl 溶液、10% $CaCl_2$ 溶液。

## 【实验步骤】

### 1. 实验设置

进入生物机能实验系统软件，点击"实验模块"→"病理生理学系统"→"急性高钾血症及抢救"。将信号输入线接入一通道。

### 2. 家兔称重麻醉

取家兔一只，称重。以 20% 氨基甲酸乙酯，按每千克体重 5mL 的量，由耳缘静脉注射麻醉。注射时，将家兔固定，特别注意使兔头不能随意活动。拔去耳缘静脉被毛，轻揉耳缘，使静脉充分扩张。一手食指、中指夹住耳缘静脉近心端，拇指、无名指固定末端，使其被拉直。另一手持注射器由远心端刺入静脉，缓慢注入药液。麻醉成功后，将家兔仰卧位固定在兔台上。

### 3. 气管插管

将麻醉兔仰卧位固定在兔台上，剪去颈部的被毛，在其颈中线从甲状软骨下到胸骨上缘作长度为 5～8cm 的切口。用止血钳纵向钝性分离皮下组织，可见胸骨舌骨肌；沿左、右两侧胸骨舌骨肌肌间隙分离骨骼肌，并将两条肌束向两外侧牵拉，充分暴露气管；用止血钳将气管与背侧结缔组织和食管分离，游离气管，气管下穿线备用。用手术剪于甲状软骨下 3～4 软骨环处作一横切口，再向头端作一纵行切口，使之呈倒"T"形，切口不宜过大或过小。将气管插管从切口进入，用备用的线结扎导管，并固定在气管插管分叉处，以防导管滑脱。如气管内有出血或分泌物，可用棉签由切口处伸入气管插管，并向胸腔方向行进至气管腔内将其擦净，如仍有出血，可用棉签蘸少许 0.1% 去甲肾上腺素同上法进入气管，涂抹气管内壁以止血。

### 4. 安放心电电极

在家兔四肢皮下分别插入针灸针，按右上肢—白色、左下肢—红色、右下肢—黑色的方式连接信号输入线，记录家兔心电。

### 5. 静脉插管

轻轻提起皮肤，用手指从皮肤外将皮肤外翻，即可见到颈外静脉。沿血管走向用止血钳钝性分离浅筋膜，暴露血管 3～5cm 并穿两根线备用。用动脉夹夹闭血管近心端，待血管充盈后再结扎远心端，于结扎线前用眼科剪与血管呈 45° 角做一"V"形切口，剪开血管管径的 1/3～1/2，用玻璃分针或眼科镊插入血管内挑起血管；将已经准备就绪的静脉导管插入 2～3cm，用备用线结扎导管并固定在导管的胶布上，以防滑脱，最后取下动脉夹。

6. 左心室插管

暴露右侧颈动脉鞘，分离颈总动脉并穿线备用。动脉夹夹住近心端。插管前端约 12cm 涂抹液体石蜡作为润滑，在动脉上靠近结扎点处剪口，插入插管。松开动脉夹，此时可见动脉血压波形。边观察波形边继续向心脏方向插入，直到出现左室内压波形，结扎血管并固定。

## 【观察项目】

1. 记录正常心电图

记录一段正常的家兔心电图波形，注意分辨心电图的 P 波、QRS 波群及 T 波，观察其形态。

2. 高钾血症模型复制

由静脉缓慢滴注 4% KCl（15～20 滴 /min 为宜），密切观察心电图变化，当家兔心电图出现 P 波低频增宽、QRS 波群低压变宽和高尖 T 波时，记录一段心电图。

3. 高血钾症抢救

继续缓慢滴注 4% KCl，当心电图出现心室扑动或颤动后立即停止注射氯化钾，同时，推注 10%CaCl$_2$（2mL/kg），并观察记录心电图变化。

4. 注射致死量氯化钾

注射致死剂量的 10% KCl（8mL/kg），边注射边观察心电图变化，出现室颤时，快速打开胸腔，观察心室纤颤及心脏停搏情况。

## 【注意事项】

1. 滴注 20% 氨基甲酸乙酯时要密切观察血压、中心静脉压及左心室收缩压的变化，尤其是左心室收缩压的下降幅度，避免引起动物死亡。

2. 在进行左心室插管时，若遇到阻力或血压波形消失，不可强行插入，应将插管后退，稍改变方向，再向前插。

## 【思考题】

1. 家兔急性心力衰竭治疗前后，观察指标中哪些有变化？
2. 强心苷对心肌有哪些作用？其机制如何？
3. 试述心力衰竭对心脏收缩和舒张功能的影响及其机制。

# 实验3　急性失血性休克及其抢救

## 【实验目的】

1. 学习失血性休克动物模型的复制方法。
2. 观察休克过程中机体的变化。
3. 了解抢救休克的治疗原则。

## 【实验原理】

休克（shock）原意为震荡或打击。机体在严重失血失液、感染、创伤等强烈致病因素作用下，有效循环血量急剧减少，组织血液灌流量严重不足，引起组织细胞缺血、缺氧，各重要生命器官的功能、代谢障碍及结构损伤的病理过程。常见的休克有失血性休克、烧伤性休克、创伤性休克、感染性休克、心源性休克、过敏性休克等。

失血性休克是由于大量失血引起的。一般来说，15min 内，失血量小于全血量的 10%，能够代偿；当快速失血量大于全血量的 20%，则产生休克；当失血量大于全血量的 50%，会导致快速死亡。

失血性休克时微循环的改变：①微循环缺血期：此期微循环血液灌流减少，组织缺血缺氧，故又称缺血性缺氧期。②微循环淤血期：此期微循环血流速度显著减慢，血黏度增大，血液"泥化"淤滞，微循环淤血，组织灌流量进一步减少，缺氧更为严重。③微循环衰竭期：微动脉、微静脉均扩张。

对于休克的治疗，主要包括以下几个方面：①纠正酸中毒：以提高血管对活性药物的反应。②扩充血容量：充分输液，原则是"需多少，补多少"，主要包括已丢失的血量和由于血浆外渗滞留在组织间歇的液体量。③合理使用血管活性药物，主要包括扩血管药物（如阿托品、山莨菪碱、多巴胺、异丙肾上腺素等）和缩血管药（如去甲肾上腺素、间羟胺等）。

## 【实验对象】

家兔。

## 【实验器材与药品】

实验器材：BL-422I 生物实验采集系统、哺乳动物手术器械（手术剪、弯剪、眼科剪、手术刀、组织镊、眼科镊、止血钳、组织钳、玻璃分针、动脉夹）、婴儿秤、注射器、信号输入线、气管插管、静脉输液装置一套、JR-20 恒温兔台、丝线、针灸针、BI-2000 微循环观察装置、压力换能器、呼吸流量换能器、铁架台、计滴器、纱布、棉球。

实验药品和试剂：20% 氨基甲酸乙酯、生理盐水、125U/mL 肝素溶液、0.002% 去甲肾上腺素、0.1% 多巴胺、0.01% 异丙肾上腺素。

## 【实验步骤】

### 1. 实验设置

进入生物机能实验系统软件，点击"实验模块"→"病生实验"→"急性失血性休克及其抢救"。信号输入线连入 BL-420N 的一通道，压力换能器接入二、三通道，呼吸换能器连入四通道。

### 2. 准备压力换能器

将两个三通开关分别连接在压力换能器的两个接口上，动脉插管与其中正面接口相连，将肝素溶液充灌于换能器腔体和动脉插管内，确保排出所有气体。

### 3. 家兔称重麻醉

取家兔一只，称重。以 20% 氨基甲酸乙酯，按每千克体重 5mL 的量，由耳缘静脉注射麻醉。注射时，将家兔固定，特别注意使兔头不能随意活动。拔去耳缘静脉被毛，轻揉耳缘，使静脉充分扩张。一手食指、中指夹住耳缘静脉近心端，拇指、无名指固定末端，使其被拉直。另一手持注射器由远心端刺入静脉，缓慢注入药液。麻醉成功后，将家兔仰卧位固定在兔台上。

### 4. 气管插管

将麻醉兔仰卧位固定在兔台上，剪去颈部的被毛，在其颈中线从甲状软骨下到胸骨上缘作长度为 5～8cm 的切口。用止血钳纵向钝性分离皮下组织，可见胸骨舌骨肌；沿左、右两侧胸骨舌骨肌肌间隙分离骨骼肌，并将两条肌束向两外侧牵拉，充分暴露气管；用止血钳将气管与背侧结缔组织和食管分离，游离气管，气管下穿线备用。用手术剪于甲状软骨下 3～4 软骨环处作一横切口，再向头端作一纵行切口，使之呈倒"T"形，切口不宜过大或过小。将气管插管从切口进入，用备用的线结扎导管，并固定在气管插管分叉处，以防导管滑脱。如气管内有出血或分泌物，可用棉签由切口处伸入气管插管，并向胸腔方向行进至气管腔内将其擦净，如仍有出血，可用棉签蘸少许 0.1% 去甲肾上腺素同上法进入气管，涂抹气管内壁以止血。

### 5. 动脉插管

颈动脉插管：用拇指、食指捏住颈部皮肤切口和部分肌肉向外侧牵拉，用中指和无名指将皮肤顶起，以暴露颈总动脉鞘。止血钳分离颈总动脉并在动脉下穿线。用丝线结扎颈总动脉远心端，动脉夹夹住近心端。在靠近结扎处剪一"V"形切口，把肝素化的动脉插管插入近心端 1cm 左右，用丝线将血管和插管一同结扎并固定，防止插管脱落。小心打开动脉夹，描计家兔动脉血压波形。

股动脉插管：剪去腹股沟部皮肤被毛，在腹股沟用手指触摸股动脉搏动，沿动脉走向作长度 3～5cm 的皮肤切口，暴露股动脉。分离并穿双线备用。用线结扎远心端，近心端以动脉夹阻断。在靠近结扎点的地方剪口，插入动脉插管（方法同颈动脉插管但不取动脉夹）。此处插管用于手术中放血。

### 6.静脉插管

轻轻提起颈部皮肤，用手指从皮肤外将皮肤外翻，暴露颈静脉。用止血钳沿血管走行方向，将颈外静脉周围的结缔组织轻轻分离，分离长度约 2cm，穿线备用。用动脉夹夹闭近心端，远心端结扎。用眼科剪在近结扎点处剪口，插入静脉插管，用丝线将静脉和插管一并结扎、固定。插管结束后，以 5～10 滴 /min 缓慢输入生理盐水，保持静脉输液通畅。

同样方法分离对侧颈外静脉，插入连接压力换能器的静脉插管，将插管向心脏方向送入胸腔，用于检测中心静脉压。

### 7.输尿管插管

剪去下腹部被毛，从耻骨联合处向上沿正中线作一长约 4cm 的切口，沿正中腹白线切开腹壁，找到膀胱并移出腹腔。于膀胱底部找出输尿管，用玻璃分针仔细分离并穿线。结扎输尿管远端，在靠近结扎线处做一 "V" 形切口，将已充满生理盐水的输尿管插管向肾脏方向插入并结扎、固定。同样的方法行另一侧输尿管插管。

### 8.连接计滴装置

将两侧输尿管插管或膀胱插管的后端插入计滴器，进行尿液记录。

### 9.观察微循环

打开腹壁，找到十二指肠，轻轻拉出一段肠管，选择一段游离度较大的肠袢。并将肠系膜平铺于微循环观察台上，调整焦距，观察微循环。

### 10.描计心电图

将针灸针扎入家兔四肢皮下，连接信号输入线，白色—右上肢，黑色—右下肢，红色—左下肢，描记家兔心电图。

### 11.记录呼吸运动

气管插管的一端与呼吸换能器相连，描记动物呼吸曲线。

## 【观察项目】

### 1.记录正常指标

记录其动脉血压、心率、脉压差、中心静脉压、呼吸（频率、幅度）及微循环各项指标。

### 2.失血性休克动物模型制备

从股动脉放血。为防止血液凝固，储血瓶内应提前加入肝素。使血压降至 40mmHg，停止放血。记录各项指标，并动态观察微循环的变化。

### 3.观察微循环

本次实验侧重观察失血性休克时微循环的改变，包括血流速度、流态，其他如栓塞、出血等。

4. 治疗

方案 1：输血输液，等失血量生理盐水 + 抗凝全血 100% 回输。

方案 2：输等失血量生理盐水。

方案 3：输液联合抗休克药。①等失血量生理盐水 +0.002% 去甲肾上腺素 0.25mL/kg。②等失血量生理盐水 +0.1% 多巴胺 0.5mL/kg。③等失血量生理盐水 +0.01% 异丙肾上腺素 1mL/kg。

## 【注意事项】

1. 本实验手术操作比较多，应尽量减少手术性出血。

2. 麻醉深浅要适度，麻醉过浅，动物疼痛可能会导致神经源性休克。

3. 牵拉肠袢动作要轻，以免引起肠系膜血管出血。

## 【思考题】

1. 失血性休克过程中，微循环变化特点是什么？

2. 失血性休克应该如何治疗，为什么？

# 实验4　急性右心衰模型的复制

## 【实验目的】

1. 了解急性右心衰竭模型的复制方法。

2. 观察急性右心衰竭的血流动力学变化。

3. 探讨心力衰竭的发生机制。

## 【实验原理】

心力衰竭（heart failure）是由于心肌收缩和（或）舒张功能障碍，使心泵功能障碍，导致心排血量降低，不能满足机体组织代谢需要的一种病理过程或综合征，又称泵衰竭。心力衰竭的常见病因包括：①压力或容量负荷过度。②原发性心肌收缩、舒张功能障碍（心肌炎、心肌梗死等心肌病变，心肌缺血缺氧如冠状动脉粥样硬化性心脏病、严重贫血、B 族维生素缺乏等导致心肌能量代谢障碍）。在临床上，约 90% 的患者其心力衰竭的发生常有诱因存在。常见的诱因包括感染、大量快速输液、妊娠和分娩、体力与精神负荷过重、缺氧、酸中毒、电解质代谢紊乱、心律失常等。

心力衰竭可根据发生速度、发病部位、病情严重程度、心排血量的高低或发病机制进行分类。根据发病部位，心力衰竭可分为左心衰竭、右心衰竭和全心衰竭。左心衰竭主要是左心室搏出功能障碍，多由严重心肌损害和左心负荷过重引起，常见于二尖瓣关闭不全、冠心病、心肌病、高血压等，突出的表现是肺淤血、肺水肿、心源性呼吸困难和动脉系统供血不足。右心衰竭主要是右心室搏出功能障碍，多由急、慢性肺源性心脏病和肺动脉瓣、三尖瓣病变所致，主要表现是体循环静脉系统淤血、静脉压升高、下肢或全身水肿。全心衰竭多由心肌炎、心肌病、心包炎、严重贫血等引起，也可由一侧心力衰竭发展演变而来，左、右心衰竭的表现皆有。本实验通过耳缘静脉注射栓塞剂（液体石蜡）来复制急性右心衰动物模型。液体石蜡由耳缘静脉注射入体内后，随体循环回流至右心室，进而至肺循环，造成急性肺小血管栓塞，引起右心室后负荷增加；通过大量输液引起右心室前负荷增加。当右心室前、后负荷过度增加，超过了右心室的代偿能力，造成右心室收缩和舒张功能降低，从而引起急性右心衰竭。

## 【实验对象】

家兔。

## 【实验器材与药品】

实验器材：BL-422I 生物实验采集系统、哺乳动物手术器械（手术剪、弯剪、眼科剪、手术刀、组织镊、眼科镊、止血钳、组织钳、玻璃分针、动脉夹）、气管插管、信号输入线、针灸针、兔台、输液袋、静脉插管、压力换能器、呼吸换能器、注射器、棉签等。

实验药品和试剂：20% 氨基甲酸乙酯、肝素 - 生理盐水溶液、液体石蜡。

## 【实验步骤】

### 1. 实验设置

进入生物机能实验系统软件，点击"实验模块"→"病生实验"→"急性右心衰实验"。信号输入线连入 BL-422I 的一通道，两套压力换能器分别接入二、三通道，呼吸换能器连入四通道。

### 2. 准备压力换能器

将两个三通开关分别连接在压力换能器的两个接口上，动脉插管与其中正面接口相连，将肝素溶液充灌于换能器腔体和动脉插管内，确保排出所有气体。

### 3. 家兔称重麻醉

取家兔一只，称重。以 20% 氨基甲酸乙酯，按每千克体重 5mL 的量，由耳缘静脉注射麻醉。注射时，将家兔固定，特别注意使兔头不能随意活动。拔去耳缘静脉被毛，轻揉耳缘，使静脉充分扩张。一手食指、中指夹住耳缘静脉近心端，拇指、无名指固定末端，使其被拉直。另一手持注射器由远心端刺入静脉，缓慢注入药液。麻醉成功后，将家兔仰卧位固定在兔台上。

### 4. 气管插管

将麻醉兔仰卧位固定在兔台上，剪去颈部的被毛，在其颈中线从甲状软骨下到胸骨上缘作长度为 5～8cm 的切口。用止血钳纵向钝性分离皮下组织，可见胸骨舌骨肌；沿左、右两侧胸骨舌骨肌肌间隙分离骨骼肌，并将两条肌束向两外侧牵拉，充分暴露气管；用止血钳将气管与背侧结缔组织和食管分离，游离气管，气管下穿线备用。用手术剪于甲状软骨下 3～4 软骨环处作一横切口，再向头端作一纵行切口，使之呈倒 "T" 形，切口不宜过大或过小。将气管插管从切口进入，用备用的线结扎导管，并固定在气管插管分叉处，以防导管滑脱。如气管内有出血或分泌物，可用棉签由切口处伸入气管插管，并向胸腔方向行进至气管腔内将其擦净，如仍有出血，可用棉签蘸少许 0.1% 去甲肾上腺素同上法进入气管，涂抹气管内壁以止血。

### 5. 动脉插管

颈动脉插管：用拇指、食指捏住颈部皮肤切口和部分肌肉向外侧牵拉，用中指和无名指将皮肤顶起，以暴露颈总动脉鞘。止血钳分离颈总动脉并在动脉下穿线。用丝线结扎颈总动脉远心端，动脉夹夹住近心端。在靠近结扎处剪一 "V" 形切口，把肝素化的动脉插管插入近心端 1cm 左右，用丝线将血管和插管一同结扎并固定，防止插管脱落。小心打开动脉夹，描计家兔动脉血压波形。

### 6. 静脉插管

轻轻提起颈部皮肤，用手指从皮肤外将皮肤外翻，暴露颈静脉。用止血钳沿血管走行方向，将颈外静脉周围的结缔组织轻轻分离，分离长度约 2cm，穿线备用。用动脉夹夹闭近心端，远心端结扎。用眼科剪在近结扎点处剪口，插入连接压力换能器的静脉插管，将插管向心脏方向送入胸腔，用于检测中心静脉压和实验中输液。用丝线将静脉和插管一并结扎、固定。

### 7. 安放心电电极

在家兔四肢皮下分别插入针灸针，按右上肢—白色、左下肢—红色、右下肢—黑色的方式连接信号输入线，记录家兔心电。

### 8. 记录呼吸运动

气管插管的一端与呼吸换能器相连，描记动物呼吸曲线。

## 【观察项目】

1. 描记一段正常的心电、动脉血压、中心静脉压和呼吸运动的实验波形，并用听诊器听动物的心音、呼吸音等。

2. 急性右心衰模型制备：由耳缘静脉缓慢推注加热至 37℃的液体石蜡（0.5mL/kg），2～3 分钟后观察上述生理指标的变化。

3. 待动物血压、呼吸稳定后，加快输入生理盐水 5～8mL/（kg·min），每 10min 重复检测上述指标。

4. 尸检：动物出现明显的心力衰竭变化后，处死家兔并尸检。观察腹腔脏器尤其是肝、肠系膜有何变化；观察心肺变化，并取出肺脏，观察肺切面有何变化。

## 【注意事项】

1. 静脉插管须小心谨慎，避免损伤血管。如插管途中不是很顺利，不能硬插，可以将插管轻微旋转或将插管适当后退再尝试，否则易将血管壁插破，影响输液及 CVP 的测定。

2. 液体石蜡加温的目的是降低石蜡的黏滞性，使其注入血液后能形成细小栓子。注射液体石蜡后应尽量加快输液速度。

3. 针灸针不可插入肌肉内，以免引入肌电干扰。

## 【思考题】

1. 本次实验复制急性右心衰竭的机制是什么？
2. CVP是如何测定的？CVP的升高或降低提示什么？
3. 实验中有无肺水肿发生？若有，其发生机制是什么？

# 实验5　实验性肺水肿

## 【实验目的】

1. 学习复制急性肺水肿模型的方法。
2. 观察肺水肿的病理表现。

## 【实验原理】

肺水肿指过多液体积聚在肺间质和（或）肺泡腔的病理过程。常见发病原因包括左心衰竭、二尖瓣狭窄引起肺毛细血管流体静压增高，或某些理化因素损伤肺血管内皮或上皮，增加其通透性而发生肺水肿。其临床表现为极度呼吸困难，阵发性咳嗽，伴随大量白色或粉色泡沫痰，双肺对称性湿啰音。X 线检查主要表现为腺泡状致密阴影。

本次实验通过注射大量肾上腺素和过量输液来引起肺水肿。大剂量肾上腺素会通过 α 受体的兴奋产生血管收缩效应，导致这些部位的血液向肺转移，使肺血流量增加，毛细血管静水压增高，促使血管内的水分外移，产生肺水肿。此外，大剂量的肾上腺素使心搏加快，舒张期缩短，左心室舒张期末压力递增，进一步引起左心房的压力增高，从而使肺静脉发生淤血，形成肺水肿。

## 【实验对象】

家兔。

## 【实验器材与药品】

实验器材：JR-20 恒温兔台、婴儿秤、注射器、天平、听诊器、纱布、棉球。
实验药品和试剂：0.1% 肾上腺素、生理盐水。

## 【实验步骤】

### 1. 观察正常家兔生理指标

取两只健康成年家兔，一只为实验组，一只为对照组。分别称重，待其安静后观察并记录呼吸频率、心率，用听诊器检查心肺有无异常。

### 2. 复制肺水肿模型

实验组家兔耳缘静脉缓慢注射 0.1% 肾上腺素 1mL。对照组耳缘静脉推注 1mL 生理盐水。观察呼吸频率、心率及活动状况的变化，同时观察口鼻颜色及是否有粉色体液出现。如实验组 15min 仍无明显反应，再推注同等剂量的肾上腺素，继续观察。对照组推注空气处死。

### 3. 肺体系数测定

打开胸腔：动物死亡后，止血钳钝性分离胸部骨骼肌，暴露肋骨，普通剪刀剪断家兔一侧所有肋骨，暴露肺部。于结扎点上方剪断气管，分离气管和心脏，取出全肺。

吸干肺表面液体后对肺称重，计算肺体系数。测量肺体系数：肺体系数 = 肺重量（g）/ 体重（kg）。

### 4. 肺水肿肺的病理观察

观察肺的外观有何异常；用手掌握住肺，轻轻握压，有无"握雪感"；气管有无泡沫样液体流出。切开肺叶，观察切面变化，有无液体渗出。

## 【观察项目】

1. 测定肺体系数，比较肺水肿与正常家兔肺体系数。
2. 病理观察，比较肺水肿与正常家兔肺的表现。

## 【注意事项】

1. 家兔在注射肾上腺素前需认真检查是否健康，以排除其他因素对实验结果的影响。
2. 注射药物时动作要轻柔，以防家兔出现应激反应。
3. 分离肺时，注意避免损伤肺，以免水肿液流失影响肺体系数结果。

## 【思考题】

1. 试分析急性肺水肿发生的机制，并思考还有什么方法可以复制肺水肿模型？
2. 如何评价机体是否存在肺水肿？

# 实验6　急性心肌梗死及药物的治疗作用

## 【实验目的】

1. 学习急性心梗模型的复制方法。
2. 观察心肌梗死后心电图改变及血流动力学指标变化。
3. 观察药物对心肌梗死的治疗作用。

## 【实验原理】

当冠状动脉疾病（如动脉粥样硬化、冠状动脉痉挛）导致冠脉突然阻塞使血流中断而侧支循环不易马上建立，导致所支配部位的心肌缺血坏死，称为心肌梗死。

临床上，心电图是诊断心肌梗死的重要工具，对心肌梗死的定位、范围估计、病情演变及预后均有重要意义。心电图的典型表现为 ST 段抬高呈弓背向上型、病理性 Q 波（宽而深的 Q 波）、T 波倒置。其次，血流动力学参数也会改变，包括血压降低、左室收缩压下降、左室等容期压力最大上升速率减慢、左室舒张末期压升高等。

心肌梗死主要的药物治疗包括硝酸酯类药物和 β 受体拮抗剂。硝酸酯类药物可通过扩张冠状动脉，增加冠状动脉血流量，缓解心肌缺血。此外，硝酸酯类药物还可以增加静脉容量，而降低心室前负荷，并降低左心室舒张末压、降低心肌耗氧量，改善左心室局部和整体功能。

β 受体拮抗剂能降低心肌耗氧量，减少心肌缺血的反复发作，减少心肌梗死的发生。

本实验通过结扎大鼠冠状动脉左前降支，阻断左心室部分血供而致心肌缺血，使心电图和心功能参数出现异常，复制出急性心肌梗死动物模型，同时观察药物对心肌梗死的治疗作用。

## 【实验对象】

大鼠。

## 【实验器材与药品】

实验器材：BL-422I 生物信号采集与分析系统、小动物呼吸机、针灸针、哺乳类动物手术器械（手术剪、弯剪、眼科剪、手术刀、组织镊、眼科镊、止血钳、组织钳、气管插管、玻璃分针、动脉夹）、鼠手术台、左心室插管、动脉插管、压力换能器、丝线、三通开关、注射器。

实验药品及试剂：1.5% 戊巴比妥钠、硝酸甘油、多巴酚丁胺、肝素、液体石蜡。

## 【实验步骤】

### 1. 实验设置

进入生物机能实验系统软件，点击"实验模块"→"病理生理学实验"→"急性心肌梗死及药物的治疗"。将信号输入线接入一通道，压力换能器分别接入二、三通道。

### 2. 准备压力换能器

将两个三通开关分别连接在压力换能器的两个接口上，动脉插管与其中正面接口相连，将肝素溶液充灌于换能器腔体和动脉插管内，确保排出所有气体。

### 3. 大鼠称重麻醉

使用 1.5% 戊巴比妥钠，按照 0.2mL/100g 的量，以腹腔注射的方式将大鼠麻醉，并将大鼠固定在鼠板上。注射时，左手抓住大鼠，使腹部向上，右手将注射针头于左下腹部或右下腹部刺入皮下，然后使针头与皮肤呈 45° 角刺入腹腔，固定针头，缓慢注入药液。为避免损伤内脏，可使大鼠处于头低位，使内脏移向上腹。

### 4. 动脉插管

剪去大鼠颈部被毛。在颈部正中切开皮肤，用眼科镊钝性分离颈部组织，暴露气管和两侧颈总动脉。用眼科镊小心分离两侧颈总动脉 2～3cm，并穿线备用。远心端结扎，近心端阻断血流。眼科剪在近结扎点处以 45° 剪口，将准备好的动脉插管向近心端插入 1cm，测量动脉血压。

### 5. 左心室插管

插管前端涂抹液体石蜡作为润滑，在动脉上靠近结扎点处剪口，插入插管。松开动脉夹，此时可见动脉血压波形。边观察波形边继续向心脏方向插入，直到出现左室内压波形，结扎血管并固定。

### 6. 记录大鼠心电

将针灸针刺入大鼠四肢皮下，连接信号输入线，白色鳄鱼夹夹在右上肢处，黑色在右下肢，红色在左下肢。

### 7. 气管插管

在甲状软骨下约 5mm 处剪一切口，并插入气管插管，用丝线结扎固定。

### 8. 建立静脉输液通道

分离颈外静脉。将输液针刺入静脉，用丝线结扎固定，建立静脉输液通道。

### 9. 开胸

连接小动物呼吸机。选择大鼠模式，仪器自动显示实验动物的参考实验参数，确认后按启 / 停键开始实验。根据动物实际情况，调整各项参数。

剪去左侧胸壁的毛，在左侧第 4 肋间部位，切开胸壁，钝性分离肌肉，用小扩胸器撑开第 4 肋间隙，剪破心包膜，暴露心脏。以冠状动脉主干为标志，左心耳根部下方 2mm 处，用缝针穿过冠状动脉左前降支下方的肌层，在肺动脉圆锥旁出针，打一活结备用。

## 【观察项目】

### 1.记录正常数据

观察记录一段正常的心电、左心室压力及动脉血压波形，并测量其数据。

### 2.心肌梗死

结扎冠状动脉左前降支，5min 左右开始观察心电图，并记录其数据。

### 3.静脉给予硝酸甘油

按 10μg/（kg·min）静脉注射硝酸甘油，观察各项指标改变情况，如出现心功能明显下降，可给予多巴酚丁胺 3μg/（kg·min），观察心功能指标变化情况。

## 【注意事项】

1. 插管时手法轻柔，尽可能减少对血管的刺激，避免血管收缩而致插管困难。

2. 心室插管过程中避免用力过猛，以免穿破血管或心脏，如遇阻力可退后或旋转，再往前插。

3. 由于大鼠个体差异原因，可能出现冠脉结扎后心电图变化不明显，此时应以其他心功能指标改变作为急性心肌梗死造模成功的依据。

## 【思考题】

1. 心肌缺血所致血流动力学改变的主要病理生理机制是什么？

2. 硝酸甘油通过哪些药理作用治疗急性心肌缺血？

# 实验7　药物对在体心肌缺血—再灌注损伤的影响

## 【实验目的】

1. 学习在体动物心肌缺血-再灌注模型的制备方法。

2. 观察心肌缺血-再灌注损伤发生后，血流动力学各项指标的变化。

3. 以心功能参数为指标，观察药物对心肌缺血-再灌注损伤的影响。

## 【实验原理】

在缺血的基础上恢复血流后，组织损伤反而加重，甚至发生不可逆性损伤的现象，称为缺血 - 再灌注损伤。

缺血 - 再灌注的发生机制包括自由基增多、钙离子超载、白细胞数量增加。其中自由

基生成是缺血 - 再灌注损伤极为重要的发病环节。

心肌发生缺血 - 再灌注的表现为心脏舒缩功能降低，包括心室舒张末期压力增大、左室内压最大上升或下降速率降低。此外，缺血心肌再灌注过程中还可能出现心律失常，以室性心律失常居多。

本次实验对麻醉大鼠行冠状动脉左前降支结扎术和松解术后，由于动脉闭塞和再通，引起左前降支支配的左侧心室肌区域发生明显的缺血 - 再灌注损伤。

## 【实验对象】

大鼠。

## 【实验器材与药品】

实验器材：BL-422I 生物信号采集与分析系统、小动物呼吸机、针灸针、哺乳类动物手术器械（手术剪、弯剪、眼科剪、手术刀、组织镊、眼科镊、止血钳、组织钳、气管插管、玻璃分针、动脉夹）、鼠手术台、左心室插管、动脉插管、压力换能器、丝线、三通开关、注射器。

实验药品及试剂：1.5% 戊巴比妥钠、肝素 - 生理盐水溶液、液体石蜡、维拉帕米。

## 【实验步骤】

### 1. 实验设置

进入生物机能实验系统软件，点击"实验模块"→"病理生理学实验"→"药物对在体心肌缺血 - 再灌注损伤的影响"。将信号输入线接入一通道，压力换能器分别接入二、三通道。

### 2. 准备压力换能器

将两个三通开关分别连接在压力换能器的两个接口上，动脉插管与其中正面接口相连，将肝素溶液充灌于换能器腔体和动脉插管内，确保排出所有气体。

### 3. 大鼠称重麻醉

使用 1.5% 戊巴比妥钠，按照 0.2mL/100g 的量，以腹腔注射的方式将大鼠麻醉，并将大鼠固定在鼠板上。注射时，左手抓住大鼠，使腹部向上，右手将注射针头于左下腹部或右下腹部刺入皮下，然后使针头与皮肤呈 45° 角刺入腹腔，固定针头，缓慢注入药液。为避免损伤内脏，可使大鼠处于头低位，使内脏移向上腹。

### 4. 动脉插管

剪去大鼠颈部被毛。在颈部正中切开皮肤，用眼科镊钝性分离颈部组织，暴露气管和两侧颈总动脉。用眼科镊小心分离两侧颈总动脉 2～3cm，并穿线备用。远心端结扎，近心端阻断血流。眼科剪在近结扎点处以 45° 剪口，将准备好的动脉插管向近心端插入

1cm，测量动脉血压。

### 5. 左心室插管

插管前端涂抹液体石蜡作为润滑，在动脉上靠近结扎点处剪口，插入插管。松开动脉夹，此时可见动脉血压波形。边观察波形边继续向心脏方向插入，直到出现左室内压波形，结扎血管并固定。

### 6. 记录大鼠心电

将针灸针刺入大鼠四肢皮下，连接信号输入线，白色鳄鱼夹夹在右上肢处，黑色鳄鱼夹夹在右下肢，红色鳄鱼夹夹在左下肢。

### 7. 气管插管

在甲状软骨下约 5mm 处剪一切口，并插入气管插管，用丝线结扎固定。

### 8. 建立静脉输液通道

分离颈外静脉。将输液针刺入静脉，用丝线结扎固定，建立静脉输液通道。

### 9. 开胸

连接小动物呼吸机。选择大鼠模式，仪器自动显示实验动物的参考实验参数，确认后按启 / 停键开始实验。根据动物实际情况调整各项参数。

剪去左侧胸壁的毛，在左侧第 4 肋间部位，切开胸壁，钝性分离肌肉，用小扩胸器撑开第 4 肋间隙，剪破心包膜，暴露心脏。以冠状动脉主干为标志，左心耳根部下方 2mm 处，用缝针穿过冠状动脉左前降支下方的肌层，在肺动脉圆锥旁出针，打一活结备用。

### 10. 复制心肌缺血-再灌注模型

将一硅胶管置于活结中，收紧结扎线，使硅胶管压迫左冠状动脉前降支，造成左室心肌缺血，记录血流动力学变化。结扎 10min 后剪断结扎线，恢复冠脉血流，并连续观察 30min。

## 【观察项目】

### 1. 记录正常数据

观察记录一段正常的心电图、左心室压力及动脉血压波形，并测量其数据。

### 2. 心肌缺血

收紧结扎线，使硅胶管压迫左冠状动脉前降支造成左室心肌缺血，记录心电图、左心室内压和动脉血压的变化。

### 3. 心肌缺血-再灌注损伤

结扎 10min 后小心剪断结扎线，以恢复冠脉血流，并连续观察 30min 血流动力学指标的变化。

### 4. 给药

推注维拉帕米 0.5mg/kg，观察血流动力学指标的变化。

## 【注意事项】

1. 严格掌握心肌缺血的时间。
2. 左心室插管时勿刺破主动脉壁及心室壁，心导管应预先充满肝素 - 生理盐水，不宜留有气泡，在实验中应始终保持其畅通。
3. 在进行左心室插管时，若遇到阻力或血压波形消失，不可强行插入，应将插管后退，稍改变方向，再向前插。

## 【思考题】

1. 影响缺血再灌注损伤发生及严重程度的因素有哪些？
2. 试述缺血-再灌注损伤时细胞内 $Ca^{2+}$ 超载的发生机制。
3. 试分析比较心肌缺血性损伤和缺血-再灌注损伤的主要表现。

# 实验8　缺氧实验

## 【实验目的】

1. 通过复制不同的缺氧模型，掌握缺氧的分类及特点。
2. 观察缺氧时机体呼吸及皮肤、内脏、血液颜色的变化。

## 【实验原理】

组织氧供减少或不能充分利用氧时，导致组织代谢、功能和形态结构异常变化的病理过程称为缺氧（hypoxia）。氧通过呼吸进入肺泡，弥散入血，与血红蛋白结合，由血液循环送至全身，被组织、细胞摄取利用。其中任何一个环节发生障碍都有可能引起缺氧。

缺氧可分为四种类型，即低张性缺氧、血液性缺氧、循环性缺氧和组织性缺氧。本次实验将以小鼠为对象，复制低张性缺氧、血液性缺氧、循环性缺氧的模型。

### 1. 低张性缺氧

低张性缺氧又称乏氧性缺氧，以动脉血氧分压降低、血氧含量减少为基本特征。方法是将小鼠放入有钠石灰的密闭缺氧瓶中，模拟低张性缺氧。特点为动静脉中脱氧血红蛋白浓度升高，皮肤和黏膜呈现青紫色，称为发绀。

### 2. 血液性缺氧

由于血红蛋白含量减少或血红蛋白性质改变，血液携氧能力降低或与血红蛋白结合的氧不易释放而引起的缺氧，称为血液性缺氧。方法是将小鼠放入通有一氧化碳的瓶中或注射亚硝酸盐，造成一氧化碳中毒和亚硝酸盐中毒，模拟血液性缺氧。其原理是血红蛋白与 CO 结合形成碳氧血红蛋白，失去携氧能力。CO 中毒患者皮肤、黏膜呈樱桃红色。而亚硝酸盐可将血红蛋白中的 $Fe^{2+}$ 氧化成 $Fe^{3+}$，即高铁血红蛋白，使其失去结合氧的能力。高铁血红蛋白患者皮肤、黏膜呈棕褐色或类似发绀的颜色。

### 3.循环性缺氧

循环性缺氧指因组织血流量减少，使组织供氧减少所引起的缺氧。方法是注射氰化物。通过氰化物抑制呼吸链来造成组织性缺氧。

### 4.组织性缺氧

在组织供氧正常下，因组织、细胞利用氧的能力减弱而引起的缺氧。

## 【实验对象】

小鼠具有繁殖周期短、产仔多、生长快、体形小、温顺易捉、易于饲养等特点，常用于各种药物的毒性实验、筛选性实验、避孕药的研究等。

## 【实验器材与药品】

实验器材：250mL 带塞广口瓶、搪瓷碗、注射器（1mL、5mL）、手术剪、手术镊、止血钳、电子天平、秒表。

实验药品与试剂：钠石灰（NaOH·CaO）、CO、10% 亚硝酸钠溶液、生理盐水、0.05% 氰化钾、苦味酸。

## 【实验步骤】

### 1. 低张性缺氧实验

（1）取体重相近、性别相同的小鼠 2 只，观察其一般状况及皮肤颜色，以苦味酸标记，分为甲鼠、乙鼠。

（2）将钠石灰放入其中一只广口瓶中。将两只小鼠分别放入两瓶中，密封。

（3）比较两鼠存活时间。尸解观察皮肤、内脏、血液颜色的改变。

### 2. 一氧化碳中毒实验

（1）取小鼠 1 只，观察其一般状况及皮肤颜色后放入广口瓶中。

（2）向广口瓶中通入 CO。

（3）当小鼠剧烈抽搐时，停止通入 CO；观察瓶内小鼠情况直至其死亡，记录小鼠死亡时间。

（4）尸解小鼠，注意观察其内脏、皮肤、血液颜色变化。

### 3.亚硝酸钠中毒实验

（1）取体重相近、性别相同小鼠 2 只，观察其一般状况及皮肤颜色，以苦味酸标记，分为甲鼠、乙鼠。

（2）甲、乙鼠按 0.1mL/10g 剂量腹腔注射 5% 亚硝酸钠，然后甲鼠以 0.2mL/10g 注射 10% 亚甲蓝，乙鼠注射等比剂量的生理盐水，放入无塞广口瓶中观察。

（3）尸解小鼠，比较两鼠内脏、皮肤、血液颜色变化。

### 4. 氰化钾中毒实验

（1）取小鼠 1 只，称重。观察其一般状况及皮肤颜色。

（2）按照 0.4mL/10g 剂量腹腔注射 0.05% 氰化钾溶液，记录注射时间，观察小鼠直至其死亡，记录死亡时间。

（3）尸解小鼠，观察其皮肤颜色、内脏、血液颜色变化。

## 【观察项目】

1. 记录不同组别呼吸频率、呼吸幅度，对比不同缺氧模型中呼吸动态变化。
2. 重点观察小鼠口唇、鼻尖、耳廓及四肢末端的颜色变化，区分各模型特征性表现。
3. 解剖后观察心脏、肝脏、肺脏等内脏颜色，比较不同缺氧类型下的差异。
4. 记录不同缺氧模型下小鼠行为及状态变化。

## 【注意事项】

1. 小鼠腹腔注射，宜从左下腹进针，避免损伤内脏，并注意避免将药液注入肠腔。
2. 同组实验所使用的缺氧瓶的容积应相等。
3. 复制 CO 中毒模型时，CO 浓度不宜过高。

## 【思考题】

1. 本次实验中，复制了哪些类型的缺氧？其发生的原因和机制是什么？
2. 各实验模型中小鼠的皮肤及血液颜色有何不同？为什么？

# 第十章

# 实验设计

▲▲▲▲▲▲▲

实验设计是生理学实验中最具创造性的部分，目的是让学生通过自主设计实验，了解生物实验学研究的基本过程，使学生具有初步的实验研究能力。自主设计实验对学生理解和应用课堂讲授的知识原理，探讨和开创新的医学理论有重要的作用。

实验研究的基本程序包括立题、设计、预试验和正式实验、实验资料的收集、整理和统计分析、总结和完成论文。"凡事预则立，不预则废"，实验研究中的设计部分是整个研究工作的核心，一个科学完整的实验设计方案将明确提出科学研究的目标及关键性问题，为整个课题提供坚实的理论基础，为研究工作指引方向；同时合理的实验设计还包括解决这些问题的具体办法，通过分解落实设计项目来保障研究项目的顺利进行。

# 第一节　研究课题的确定

立题的过程是一个创造性思维的过程。它需要查阅大量的文献资料及实践资料，了解本课题近年来已取得的成果和存在的问题，找出要探索的课题关键所在，提出新的构思或假说，从而确定研究的课题。

选题要遵循 4 项基本原则，即创新性原则、科学性原则、需要性原则和可行性原则。

## 一、创新性原则

创新是研究课题的灵魂，应该是在前人科研积累的基础上，由量变到质变的过程。对于初入科学研究领域的学者，则需要通过大量阅读文献报道，出席必要学术会议，参加相关的学习班来掌握与科研选题有关的信息。一方面，只有在充分了解与课题有关的历史、现状、问题和需要改进之处，才有可能提出创新的见解、措施和计划；另一方面，学科之间的交叉也可以带动知识的创新。"他山之石，可以攻玉"，如物理力学技术带动了牙科正畸学科的发展，影像技术的发展让内窥镜或无创治疗方法广泛地运用于临床。

## 二、科学性原则

科学性原则，就是要符合客观实际，反映客观规律，有充分依据，经得起重复。要建立在坚实的科学研究基础之上。"长生不老""包治百病"等缺乏科学依据，显然是应该首先被摒弃的。"气功疗法""饮食疗法"等，虽然在一定条件下会有一定的疗效，但是若被过分夸大就会走向伪科学。

## 三、需要性原则

需要性原则，就是科研的目的性。作为医学科研，重点是要解决医学基础理论及疾病预防、诊断、治疗和康复各个不同环节上的有关问题。目前有许多医学上难以解决的问题，这些问题促使学者们寻求新的、更有效的诊治方法。因此若能针对这些问题进行选题，研究目的就有很明确的针对性。如果预期的研究结果，虽然是前所未有的新数据、新方法、新产品，但是理论上和效益上都没有任何价值，谁都不需要，那就不应该作为研究的目标。

## 四、可行性原则

可行性原则，就是"量力而行"的原则。选题要结合实际情况，考虑有无实现研究的主客观条件。主观条件上，要依据本人的基础、技术能力，量力而行；客观条件上，要考虑经费、设备、资料、后勤保障和协作条件等。不能凭一时兴趣而空中建阁。

# 第二节 设计实验方法

同样的一个研究课题，可因研究设计是否合理，得出悬殊的结果。因此，要通过科研设计进行合理的安排。要以科学方法论为指导，按照优选法则加以编排，加速科研进程，缩短科研周期，降低经费支出，提高工作效率。

## 一、选择实验对象

生理学实验的对象包括人和动物。为了避免实验给人带来损害或痛苦，除了一些简单的观察，如血压、脉搏、呼吸、尿量的实验可以在人体进行以外，主要的实验对象应当是动物。选择合适的实验动物对实验的成功有重要的意义，选择的条件如下。

### 1.要根据实验内容选择实验动物

原则上应选择接近人类而又经济的动物。例如研究心脏缺血类的实验应该选用猪或大小鼠，因为这类动物的冠状动脉侧支循环与人接近，模型容易建立；若选择了犬，因其心脏冠状动脉系统侧支循环发达，实验结果则会与临床应用有一定差距。

### 2. 根据实验要求选择动物的品种和纯度

以纯种动物为佳，且应是健康和营养良好的动物。

### 3. 动物的年龄、体重、性别最好一致

一般选择发育成熟的年幼动物，对性别要求不高的动物可雌雄混用，但分组时应雌雄搭配。与性别有关的实验，则只能用某种性别的动物。

## 二、确定分组和样本数

在实验设计分组和样本数时，必须遵循实验设计的 3 个原则，即对照原则、随机原则和重复原则。

### 1. 对照原则

设置对照是为了使观察指标通过对比发现其特异性变化。要具有可比性，在比较的各组之间，除处理因素不同外，其他非处理因素应尽量保持相同，从而可根据处理与不处理之间的差异，了解处理因素带来的特殊效应。

通常实验应当有实验组和对照组。对照组与实验组有同等重要的意义。因为在实验中难免以避免非处理因素干扰造成的误差，如动物个体差异、实验环境的作用等。如果设立一个对照组，应选择同一种属和体重、性别相近的动物，在同一实验环境下进行实验，仅仅是不给特殊的实验处理。由于实验组与对照组的非处理因素处于相同状态，两者对比可消除非处理因素带来的误差。对照有多种形式，可根据实验目的加以选择。

（1）空白对照：亦称正常对照，对照组不加任何处理因素。如观察某降压药的作用时，实验组动物服用降压药，对照组动物不服用药物。

（2）安慰剂组对照：对照组采用无药理作用且无害的"药"，如淀粉、生理盐水等，经加工后，其外形、味道等与试验药相似，不被受试者识别。这种对照仅用于研究的疾病尚无有效治疗方法，或使用安慰剂后对该病的病情、临床经过、预后等影响小或无影响时。

（3）自身对照：对照与实验均在同一受试动物身上进行。例如用药前、后的对比，先用A药后用B药的对比，均为自身对照。这种对照简单易行，但应注意该方法的两个缺陷：一是实验总是把处理前作为对照，这不符合随机分配原则；二是实验前后某些环境因素或自身因素发生了改变，可能影响实验结果。可考虑用交叉实验解决。

（4）相互对照：又称组间对照，不专门设立对照组，而是几个实验组之间相互对照。例如用几种药物治疗同一疾病，对比这几种药物的效果，即为相互对照。

（5）标准对照：不设立对照组，实验结果与标准值或正常值进行对比。如果是药物疗效观察，用已知有效的阳性药物作为标准对照组，对新的实验组的药物效应进行对比观察。

## 2. 随机原则

随机指实验对象的实验顺序和分组进行随机处理。随机分配指实验对象分配至各实验组或对照组时，它们的机会是均等的。如果在同一实验中存在数个处理因素，如先后观察数种药物的作用，则各处理因素施加顺序的机会也是均等的。通过随机化，一是尽量使抽取的样本能够代表总体，减少抽样误差；二是使各组样本的条件尽量一致，消除或减小组间人为的误差，从而使处理因素产生的效应更加客观，便于得出正确的实验结果。例如进行一个药物疗效的实验，观察某种新的抗休克药物对失血性休克的治疗效果，实验组和对照组复制同一程度的失血性休克模型，然后给予实验组抗休克新药，对照组给予等量生理盐水。如果动物的分配不是随机进行，把营养状态好和体格健壮的动物均放在实验组，把营养和体格不好的动物放在盐水对照组，最后得到的阳性实验结果并不能真正反映药物的疗效，很可能是动物体格差异所致。

随机化的方法很多，如抽签法、随机数字表法、随机化分组表法等，具体可参阅医学统计学书籍。

## 3. 重复原则

重复是保证科学研究结果可靠性的重要措施。由于实验动物的个体差异等原因，一次实验结果往往不够确实可靠，需要多次重复实验方能获得可靠的结果。重复有两个重要的作用：一是可以估计抽样误差的大小，因为抽样误差（标准误）的大小与重复次数成反比。二是可以保证实验的可重复性（再现性）。实验需重复的次数（实验本的大小），对于动物实验而言（指实验动物的数量）取决于实验的性质、内容及实验资料的离散度。一般而言，计量资料的样本数每组不少于 5 例，以 10～20 例为好；计数资料的样本数则需每组不少于 30 例。

# 三、确定实验处理因素

处理因素是指对实验对象施加的某种外部干预。给实验动物以各种处理，包括接种细菌毒素等，给予化学制剂或药物，进行创伤、烧伤等物理刺激等。处理实验对象的目的有两方面：一是复制人类疾病的动物模型，观察其发病机制；二是进行实验治疗，观察药物或其他治疗手段的疗效。

## 1. 人类疾病模型的复制

人类疾病的动物模型包括整体动物、离体器官、组织细胞及教学模型。在复制动物模型时，一般遵守以下原则。

（1）相似性原则

复制的模型尽可能近似人类疾病。最好是找到与人类疾病相似的动物自发性疾病。例如有一种大鼠会自发产生高血压，称为原发性高血压病大鼠（SHR）；猪有自发性动脉硬化，用它们来研究人类的高血压或动脉硬化比较理想。但动物与人相似的自发性疾病模型并不多见，往往需要人为地在动物身上复制，需注意相似性原则。

（2）重复性原则

复制模型的方法要标准化，使疾病模型可以重复复制。为此，选择的动物、实验方法、使用的仪器和环境因素应力求一致，即有一个标准化的模型复制方法。

（3）实用性原则

复制的方法尽量做到经济易行。如灵长类动物在相似性上最好，但价格昂贵；如果能用中小动物（家兔，大、小鼠）复制出类似人类的疾病模型，则更为实用可行。

## 2. 疾病处理和实验治疗

给予药物治疗和观察治疗效果是综合性机能实验的一个重要方面。在设计时可分为两类。

（1）单因素设计

指给一种处理因素（如药物），观察处理前后的变化。它便于分析，但花费较大。

（2）多因素设计

指给几种处理因素同时观察，用析因分析法进行设计。它能节省经费和时间。

# 四、确定观察指标及测定方法

设计一些好的观察指标是体现实验的先进性和创新性的重要环节。观察指标是反映实验对象在经过处理前后发生生理或病理变化的标志。它包括计数指标（定性指标）和计量指标（定量指标），主观指标和客观指标等。指标的选定需符合以下原则。

## 1. 特异性原则

指标能特异地反映观察现象的本质，不会与其他现象相混淆。如血压高（尤其是舒张压高）可作为高血压的特异指标，血气分析中的血氧分压和二氧化碳分压可作为呼吸衰竭的特异指标。

## 2. 客观性原则

最好选用可被各种仪器检测的客观指标，如心电图、脑电图、血气分析和生化检测等。由仪器报告定量的数据，不受主观因素影响。而主观指标（如肝、脾触诊）易受主观因素影响，而造成较大误差。

## 3. 重现性原则

在相同条件下指标所测的结果可以重现。重现性高的指标一般意味着偏性小，误差小，能较真实地反映实际情况。为提高重现性，需注意仪器的稳定性，减少操作的误差，控制动物的机能状态和实验环境条件。在注意到上述条件的情况下，重现性仍然很小，说明这个指标不稳定，不宜采用。

## 4. 灵敏性原则

指标反映处理因素带来的变化的灵敏程度，最好选用灵敏度高的指标。它是由实验方法和仪器的灵敏度共同决定的。如果灵敏性差，对已经发生的变化不能及时检测出，或往往得到假阴性结果，这种指标应该放弃。

# 第三节　实验数据的记录和分析

## 一、实验数据的记录方法

为保证获取高质量的数据，有必要规范实验数据的记录方法。这样，一则可以保持记录数据的整洁和有序，便于日后的数据分析与整理存档；二则有利于数据的核查与监察，保证数据的真实性。实验数据的记录至少应包括以下内容。

### 1. 实验对象编号

便于日后核对原始记录。如果是病人，还应列出姓名和病案号等信息。

### 2. 实验对象的分组

应在实验开始前，根据实验设计模型，通过随机化处理（有时亦采用非随机化处理）而确定。

### 3. 观察指标

亦称之为观察变量，用以描述观察对象的一些基本特征，如性别、年龄、体重等，以及表达实验的效应，如评价降压药物时的血压记录，评价疗效时的住院天数记录，评价肺功能时的多项血气指标记录，心功能的等级记录，细菌培养是否阳性等。根据不同研究目的，观察指标可以少至一个，也可以多至上百个。

### 4. 记录时间

由于绝大多数实验研究都要经历一个较长的过程，因此，每个实验数据的获取时间有必要记录在案，一则可以由此反映实验的全过程和运行轨迹，再则可以为分析某些可疑的实验结果提供参考线索。原则上，每个实验数据都应有相应的时间记录。若每个实验对象的所有观察指标可以在同一天内获得，记录纸上列出一列记录时间即可；若每个实验对象的所有观察指标不能在同一天内获得，甚至间隔数天或更长时间，则应多列出一列或多列记录时间，或在数据后用括号注明记录时间。

### 5. 记录人和审核人

每页记录纸底端应留有记录人和审核人的签名处，不但记录人要对所记录实验数据的真实性和完整性负责，审核人还要对记录人的工作和行为负责。审核人是记录人的业务主管，一般由项目负责人、项目监督人、研究生导师或毕业生指导教师等担任。

## 二、实验数据收集的原则

研究结论来源于对实验数据的分析。恰当、可靠的数据分析则是建立在完整的、准确的实验数据基础之上的。只有高质量的数据，才谈得上高质量的实验研究。所以，保证数据的完整性和准确性是对实验研究的最根本要求，也是研究人员收集数据时应遵循的基本原则。

### 1. 数据的完整性原则

指按照设计要求收集所有的实验数据。如果因一些意外原因或不能人为控制的因素而导致部分实验数据的缺失，应尽可能地补充这部分实验并获取数据。对于不可补救的实验（或因实验材料短缺，或因资金不足等），应科学地处理缺失数据。数据完整性的另一方面系指应将所有实验数据用于分析过程，不能因某些数据与研究者预期的结果有较大差距而随意剔除，或不引入分析过程。如果某些数据确有特异之处，除非有确凿的导致原因（如操作不当所致），否则应依靠统计学方法进行科学判断，以确定这些数据是否属于极端值（extreme value）或特别值（outlier），并决定取舍。

### 2. 数据的准确性原则

指实验数据的记录应准确无误。一方面，应避免数据收集过程中出现任何过失误差，如点错小数点、抄错数字、弄错度量衡单位、换算错误等。消除此类误差的办法是：在数据记录过程中，除观测者认真记录外，还应有专门的复核者进行审核，以确保数据的准确。另一方面，应杜绝研究者根据个人意愿对数据做任何篡改或杜撰。这一现象虽不多见，但其危害极大，应为所有科研工作者警惕。

### 3. 实验数据的记数法和有效数字

实验中所使用的测量仪器的量程是有一定精度范围的。因此，实验检测得到的数据或经数学运算后得出的数据结果，其数值的有效位数不能超出实验仪器所标定、允许的精度范围。

## 三、异常或缺失数据的处理

### 1. 实验数据的逻辑检查

通过实验而获得的数据资料，在进行统计分析前应进行整理，使之系统化、条理化，以利于分析，并对错误、遗漏的资料进行修正和补充。在数据分析开始时，应首先对数据进行认真地检查，主要是逻辑检查，看看数据间有无矛盾，是否符合逻辑，以保证数据至少不会出现大的偏差。这些偏差可能来自原始数据，可能来自数据录入过程，也可能来自数据转换过程。偶然性的实验记录错误对结论影响小，有时容易发现；而由于实验者对记录要求的错误理解而引起的一贯性错误，则对结论影响较大，且不易发现。数据检查是减少错误的一个重要步骤。逻辑检查最简单的方法是根据最大值和最小值判断。

### 2. 偏离数据（异常值）的判断和处理

个体数据偏离其所属群体数据较大，且经证实确为实验所得时，称为偏离数据。实验数据中，有时会出现一个或几个数值特别大或特别小的偏离数据，对这种异常数据除根据专业知识寻找原因决定取舍外，还应进行统计分析，切不可随意丢弃。根据统计学原理上的常态分布规律，估计该数值出现的概率有多大。如果该数值出现的可能性非常小，则可视为"异常数据"舍去；如果概率较大，则说明有"抽样"得来的可能性较大，应予保留。

### 3. 缺失数据的处理

处理缺失数据的最简单方法是剔除缺失数据所属的观察单位，但该方法浪费信息严重，特别是在变量较多的情况下。为避免浪费信息，常采用的方法是仅剔除分析过程所涉及的缺失数据。例如，在做 10 个变量的两两相关分析时，某一个变量的缺失数据只在该变量与其他变量的相关分析中被剔除，而其他变量之间的相关分析并不失去该缺失数据所属的观察单位。处理缺失数据的最复杂方法是估计缺失数据，该方法的优点是充分利用了信息，但操作难度较大。

# 第四节　论文和报告的撰写

医学论文写作是将获得的数据结果或临床积累的资料通过科学的思维、判断、推理，用文字、图表等再现出来的过程。论文写作要遵循科学性、创新性、实用性、条理性和规范化的基本原则。科学性是指论文资料翔实，内容先进；创新性是指有新的内容，可以是新的发现，或得出的新理论、新观点，也可以是新方法或技术；实用性是指通过该科研活动可以解决某些医学实践中存在的问题或为解决问题提供线索；条理性是指思想语言文字达到的层次要求，用客观的论据和符合逻辑的推理来论证和阐述问题；规范化不仅指格式的规范，医学名词包括计量单位等也应该符合规范化要求。

医学论文的基本结构包括论文题目、署名、摘要、前言、材料与方法、结果、讨论、结论、参考文献。

## 一、论文题目

论文题目应简短明了、开门见山，能准确地概括论文内容。题目与内容相符，一般字数不宜过多，不超过 20 个字为宜。

## 二、摘要和关键词

摘要和关键词是论文的缩影，是全文的概括和浓缩。医学论文的摘要大多采用结构式摘要，即包括目的、方法、结果和结论 4 个要素。关键词是表示论文主题内容的规范名词或术语。可从论文题目或摘要中选取能代表论文主题内容的词或词组作为关键词，这些词最好与正式出版的主题词表或词典提供的规范词一致。

## 三、前言

前言或者引言是论文的开场白，应该简明扼要地交代本研究的背景和目的。研究的背景包括同一领域前人所做的工作、国内外的进展、已解决和尚待解决的问题等。

## 四、材料与方法

简明清晰地列出实验所用的材料，包括实验对象的详细信息，实验动物应标明品种、性别、体重等；药物应标明厂家、批号等，试剂应标明纯度，仪器应标明型号等。临床资料汇总应写明病例来源、一般资料等。实验方法的描述应清楚明了，包括分组方法、处理因素的施加方法、观测指标的测量方法等，临床试验还需标明诊断标准、纳入标准、排除标准、观察终点等。这一部分还应该写明所采用的数据描述方法及统计学分析方法。

## 五、结果

结果是论文的核心部分，是将实验所得的原始资料或数据经过分析、归纳和进行统计学处理后得出来的，而不是原始数据的罗列。实验数据可用统计表或统计图直观清晰地表达，但对图表应有简短的文字表述。

## 六、讨论

讨论是论文所要报道的中心内容，是将研究结果从感性认识提高到理性认识的过程。讨论是对所得结果进行补充说明或解释，对结果进行分析、探讨，对可能的原因和机制提出见解并阐明观点。讨论还可将结果与当前国内外研究的结论进行比较，提出新的见解并做出评价。讨论中需重点说明该项研究的创新性和先进性。写作方面，问题要论证充分、层次分明；如讨论的问题较多，可按内容进行分解，列出小标题，每段围绕一个论点加以论证。

## 七、结论

结论是对实验研究的最后总结，是对研究简明扼要的概括。结论要文字简练、观点明确。

## 八、参考文献

参考文献是指为写论文而引用的有关图书和期刊资料，引用参考文献时应按一定的顺序（文中出现的先后顺序或者被引作者名字的首字母顺序），在文后标注。参考文献是对前人成果及著作的认同与尊重，引用的参考文献应能代表相关课题目前的研究水平及现状，所引内容与论文所研究内容的结合应贴切紧密。此外，根据不同的要求，在参考文献的录入格式方面有一定的要求和规范。